清华电脑学堂

包装创意设计
标准教程

（全彩微课版）

俞洋 / 编著

清华大学出版社
北京

内容简介

本书是一部深入探讨包装创意设计的专业著作，其内容覆盖了包装创意设计的基础理念、包装创新设计与规划方法，以及色彩搭配与包装技术等多个维度。全书以包装创意为核心研究对象，首先精炼地概述了包装的美学和设计原则，随后逐步深入，系统地解析了包装设计的各个方面，包括包装创意的构建与策划、色彩搭配及顾客心理分析、设计策略及营销策略等，并提出了切实可行的包装设计方案。本书最大的特点是列举了国内外大量包装设计的案例。通过阅读本书，读者能够深刻理解包装设计的核心概念和关键技能，掌握一系列高效的设计方法和技巧，进而显著提升自身的包装设计能力。无论是产品研发行业的专业人士，还是对包装设计充满热情的爱好者，都能从本书中汲取到宝贵的知识和丰富的实操经验。

此外，本书同样适用于艺术与设计院校的师生作为艺术基础教学的参考书目，对于从事市场营销、产品展示、产品设计等创意产业的专业人士而言，通过学习书中的基础知识，也将获得不可忽视的启发和指导。

版权所有，侵权必究。举报：010-62782989，beiqinquan@tup.tsinghua.edu.cn。

图书在版编目（CIP）数据

包装创意设计标准教程：全彩微课版 / 俞洋编著.
北京：清华大学出版社，2025.8. --（清华电脑学堂）.
ISBN 978-7-302-69416-8

Ⅰ. TB482

中国国家版本馆CIP数据核字第2025R8W533号

责任编辑：张　敏
封面设计：郭二鹏
责任校对：胡伟民
责任印制：沈　露

出版发行：清华大学出版社
网　　址：https://www.tup.com.cn，https://www.wqxuetang.com
地　　址：北京清华大学学研大厦A座　邮　编：100084
社 总 机：010-83470000　邮　购：010-62786544
投稿与读者服务：010-62776969，c-service@tup.tsinghua.edu.cn
质 量 反 馈：010-62772015，zhiliang@tup.tsinghua.edu.cn
课 件 下 载：https://www.tup.com.cn，010-83470236
印 装 者：涿州汇美亿浓印刷有限公司
经　　销：全国新华书店
开　　本：185mm×260mm　印　张：9　字　数：255千字
版　　次：2025年8月第1版　印　次：2025年8月第1次印刷
定　　价：59.80元

产品编号：109618-01

PREFACE 前 言

  在当今这个视觉为王的时代，包装已远远超越了其作为商品保护层的传统角色，成为了品牌与消费者之间沟通的重要桥梁，承载着传达品牌理念、激发购买欲望、提升产品附加值等多重功能。正是基于这一背景，精心编写了这本教材，旨在为读者提供一个全面、深入且实用的包装设计学习平台。

  本书是一部深入探讨包装创意设计领域的专业著作，内容涵盖了包装创意设计的基础理念、创新设计与规划方法、色彩搭配与包装技术等多个维度。全书以包装创意为核心研究对象，从包装的多维概念与演变讲起，逐步深入到包装设计的各个方面，包括品牌价值的构建、包装创意的来源与激发、设计前期的准备、创意与概念构思、图形设计与标准字应用、色彩设计与情感传达，以及包装创意实施与营销等。通过系统解析这些关键环节，本书力求为读者构建一个完整、清晰的包装设计知识体系。

  在内容编排上，本书注重理论与实践相结合。一方面，本书精炼地概述了包装的美学原则和设计基础，为读者打下坚实的理论基础；另一方面，书中还大量列举了国内外优秀的包装设计案例，通过深度剖析这些案例的成功之处与失败教训，帮助读者将理论知识转化为实际操作能力。此外，本书还特别强调了包装创意的实施与营销策略，旨在引导读者从更广阔的视角审视包装设计，将其视为品牌传播和商业成功的重要一环。

  值得一提的是，本书在撰写过程中充分考虑了不同读者的需求。无论是产品研发行业的专业人士，还是对包装设计充满热情的爱好者，都能从本书中汲取到宝贵的知识和丰富的实操经验。同时，本书也适用于艺术与设计院校的师生作为艺术基础教学的参考书目，对于从事市场营销、产品展示、产品设计等创意产业的专业人士而言，通过学习书中的基础知识，也将获得不可忽视的启发和指导。

  在编写过程中，得到了众多包装设计领域专家和学者的支持与帮助，他们的宝贵意见和建议为本书的完善提供了有力保障。在此，向所有为本书付出辛勤努力的同仁表示衷心的感谢！

  希望本书能够成为您包装设计学习之旅的得力助手，助您在包装设计的道路上不断前行，创造出更多令人瞩目的佳作！

  附赠资源：

  本书通过扫码下载资源的方式为读者提供增值服务，这些资源包括微视频、PPT 课件、教学大纲和教案。

PPT课件＋教学大纲＋教案　　　　　　　　同步微视频

  本书由云南艺术学院俞洋老师编写，内容丰富、结构清晰、参考性强，讲解由浅入深、循序渐进，知识涵盖面广又不失细节，非常适合艺术类院校作为相关教材使用。

  由于作者水平有限，书中错误、疏漏之处在所难免。在感谢您选择本书的同时，也希望您能够把对本书的意见和建议告诉我们。

作者

2024 年 11 月

目录

CONTENTS

第1章 包装设计基础 ... 001
- 1.1 包装的概念与演变 ... 001
  - 1.1.1 包装的物理容器说 ... 001
  - 1.1.2 包装的商业媒介价值 ... 003
  - 1.1.3 包装的社会工程意义 ... 005
- 1.2 包装的功能 ... 006
  - 1.2.1 基础保护功能 ... 006
  - 1.2.2 人机交互功能的实现 ... 007
  - 1.2.3 商业传播功能的运用 ... 008

第2章 品牌价值与包装创意 ... 009
- 2.1 品牌价值体系构建 ... 009
  - 2.1.1 品牌含义与本质探讨 ... 009
  - 2.1.2 品牌历史与理念传承 ... 011
  - 2.1.3 品牌愿景与包装策略 ... 012
- 2.2 包装创意与品牌故事 ... 013
  - 2.2.1 包装创意的来源与激发 ... 013
  - 2.2.2 品牌故事在包装中的体现 ... 014
  - 2.2.3 包装创意与品牌文化的融合 ... 017
- 2.3 文化元素的融合 ... 018
  - 2.3.1 本土化设计策略 ... 018
  - 2.3.2 节日主题策略 ... 019
  - 2.3.3 历史典故策略 ... 020
  - 2.3.4 艺术合作策略 ... 020

第3章 包装创意设计前期准备 ... 021
- 3.1 调查研究与需求分析 ... 021
  - 3.1.1 市场调研与竞品分析 ... 021

  3.1.2　目标用户画像构建 024
  3.1.3　设计需求明确与细化 026
 3.2　设计师自我定位与素养 028
  3.2.1　设计师角色与职责定位 028
  3.2.2　设计师必备技能与素养 029
  3.2.3　设计师个人品牌塑造 040

第4章　包装创意设计核心要素 045
 4.1　包装的创意与概念构思 045
  4.1.1　创意激发与概念形成 045
  4.1.2　创意灵感的收集与整理 049
  4.1.3　概念构思的初步框架搭建 051
 4.2　创意筛选与评估方法 053
  4.2.1　创意筛选的标准设定 053
  4.2.2　定量评估与定性评估结合 055
  4.2.3　创意优化与调整策略 056
 4.3　概念深化与细化设计 058
  4.3.1　概念深化过程中的用户洞察 058
  4.3.2　细化设计的关键环节把控 060

第5章　图形设计与标准字应用 063
 5.1　图形创意的概念 063
 5.2　图形的分类 064
  5.2.1　几何图形 064
  5.2.2　抽象图形 064
  5.2.3　实物图形 065
  5.2.4　符号图形 066
 5.3　图形的创意与创新 066
  5.3.1　图形创意的本质 066
  5.3.2　创新的重要性 067
  5.3.3　创意与创新的结合 067
 5.4　图形联想法 068
  5.4.1　图形联想法的定义与原理 068
  5.4.2　图形联想法的类型 069
  5.4.3　图形联想法的应用 070
 5.5　图形对比法 073
  5.5.1　图形对比法的定义与作用 073
  5.5.2　图形的色彩对比 073

目录

  5.5.3　图形形状与大小的对比 ……………………………………………… 074
  5.5.4　纹理与材质的对比 …………………………………………………… 075
  5.5.5　空间关系的对比 ……………………………………………………… 075
5.6　图形夸张法 …………………………………………………………………… 076
  5.6.1　图形夸张法的定义与特点 …………………………………………… 076
  5.6.2　夸张法在图形创意中的应用 ………………………………………… 077
  5.6.3　夸张法的设计原则 …………………………………………………… 078
5.7　标准字选择与排版规范 ……………………………………………………… 079
  5.7.1　标准字体的风格匹配原则 …………………………………………… 079
  5.7.2　排版布局的平衡与美感追求 ………………………………………… 081
  5.7.3　可读性与视觉层次的构建 …………………………………………… 083
5.8　图形与文字的组合设计 ……………………………………………………… 084
  5.8.1　图形与文字的视觉协调 ……………………………………………… 084
  5.8.2　信息传递的逻辑与层次 ……………………………………………… 087

第6章　色彩设计与情感传达 …………………………………………………… 088

6.1　色彩战略系统的构建 ………………………………………………………… 088
  6.1.1　品牌色彩体系的建立 ………………………………………………… 088
  6.1.2　目标受众色彩偏好的分析 …………………………………………… 089
  6.1.3　色彩战略与市场竞争的关联 ………………………………………… 090
6.2　色彩搭配原则与技巧 ………………………………………………………… 091
  6.2.1　色彩对比与和谐的运用 ……………………………………………… 091
  6.2.2　色彩面积与比例的调控 ……………………………………………… 092
6.3　色彩与情感的关联分析 ……………………………………………………… 093
  6.3.1　色彩引发的情感共鸣机制 …………………………………………… 094
  6.3.2　不同色彩的情感传达特性 …………………………………………… 094
  6.3.3　色彩在包装中的情感策略应用 ……………………………………… 103

第7章　包装创意实施与营销 …………………………………………………… 104

7.1　包装创意实施策略 …………………………………………………………… 104
  7.1.1　实施前的准备与规划 ………………………………………………… 104
  7.1.2　实施过程中的监控与调整 …………………………………………… 105
  7.1.3　实施后的评估与总结 ………………………………………………… 106
7.2　包装制作技术与工艺 ………………………………………………………… 106
  7.2.1　传统制作技术与工艺介绍 …………………………………………… 106
  7.2.2　新兴制作技术与工艺探索 …………………………………………… 107
  7.2.3　制作技术与工艺的选择与应用 ……………………………………… 108

7.3 包装营销推广策略 ... 109
7.3.1 营销推广目标设定 ... 110
7.3.2 营销推广渠道选择 ... 110
7.3.3 营销推广效果评估 ... 111
7.4 包装创意案例分析 ... 111
7.4.1 成功案例的分析与启示 ... 112
7.4.2 失败案例的反思与教训 ... 112
7.4.3 案例分析对设计实践的指导意义 ... 113

第8章 包装设计综合案例分析 ... 114
8.1 茶叶包装创意案例 ... 114
8.1.1 中国传统文化在茶叶包装设计中的应用案例 ... 114
8.1.2 中国纹样元素在茶叶包装设计中的应用案例 ... 115
8.1.3 水墨画在茶叶包装设计中的应用案例 ... 115
8.2 酒包装创意案例 ... 116
8.2.1 法国葡萄酒和香槟酒包装设计应用案例 ... 116
8.2.2 日本清酒和梅酒包装设计应用案例 ... 117
8.2.3 墨西哥龙舌兰酒包装设计应用案例 ... 117
8.2.4 苏格兰威士忌酒包装设计应用案例 ... 118
8.2.5 中国白酒包装设计应用案例 ... 119
8.3 特产包装创意案例 ... 120
8.3.1 地方特色食品包装设计应用案例 ... 120
8.3.2 民俗图腾包装设计应用案例 ... 121
8.4 零食饮料包装创意案例 ... 122
8.4.1 糖果零食包装设计应用案例 ... 122
8.4.2 果汁饮料包装设计应用案例 ... 123
8.5 美妆包装创意案例 ... 124
8.5.1 化妆品包装设计应用案例 ... 124
8.5.2 香水包装设计应用案例 ... 125
8.6 工业消费品包装创意案例 ... 127
8.6.1 电子产品包装设计应用案例 ... 127
8.6.2 日用品包装设计应用案例 ... 129
8.6.3 文创用品包装设计应用案例 ... 131
8.6.4 玩具包装设计应用案例 ... 133
8.6.5 药品和保健品包装设计应用案例 ... 135

第1章
包装设计基础

在深入探讨包装设计的奥秘之前,首先需要对包装这一概念有一个全面而多维度的理解。包装不仅仅是产品的外在装饰,更是品牌与消费者之间的桥梁,承载着丰富的信息与文化内涵。接下来,我们将一起走进包装的多维世界,探索其演变历程与核心要素。

1.1 包装的概念与演变

包装,作为商品流通中不可或缺的一环,其概念远不止于人们日常所见的外在包装物。从广义上讲,包装涵盖了产品的保护、储存、运输、展示及销售等多个维度。它不仅能够保护产品免受外界损害,确保产品从生产到消费过程中的安全与完整,还通过独特的视觉设计吸引消费者的注意,传递品牌的文化与理念。随着时间的推移,包装的形式与功能也在不断地演变与发展,从最初的简单包裹到如今的高科技智能包装,每一次变革都深刻地影响着人们的消费体验与生活方式。接下来,我们将一起探索包装的多维概念及其演变历程,为后续的包装设计实践奠定坚实的基础。

1.1.1 包装的物理容器说

包装,最直观的理解即为容纳和保护产品的物理容器。从古至今,包装的首要功能便是确保产品在生产、运输、储存及销售过程中免受损害。从早期的陶罐、竹编篮到现代的塑料瓶、金属罐,包装的形式随着科技的进步和材料的创新而不断演变。物理容器说强调了包装对产品的物理防护作用,如抗压、抗震、防潮、防腐蚀等,这些基本功能在任何时代都是包装设计的核心考量之一。古埃及的陶罐(公元前 3000 年)用于储存谷物与香料,其厚壁设计与密封性体现了早期容器的保护功能,如图 1-1 所示。棕叶与竹筒包装(原始社会至今)是端午节棕叶包裹糯米、竹筒盛装茶叶等自然材料包装,至今仍被沿用,如图 1-2 所示。

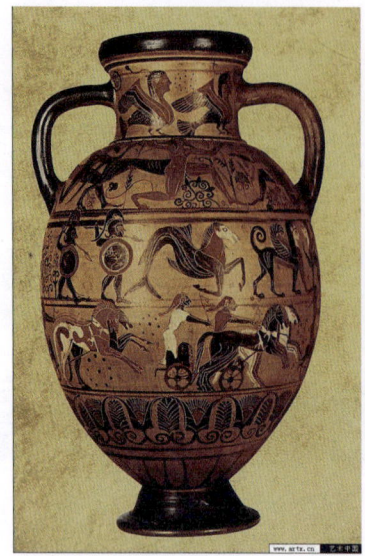

图 1-1

图 1-2

　　包装最初作为物理容器，承担着储存、保护物品的基本功能，是物质形态与功能需求的最直接体现。商代青铜器与战国漆器"买椟还珠"典故中的精美漆盒，展现了容器工艺的进化，如图 1-3 所示。

图 1-3

在现代包装设计中，物理容器不仅要求具备基本的保护功能，还要考虑产品的特性，如易碎品需采用更坚固的包装材料，液态产品则需采用密封性良好的容器。此外，包装的形状、尺寸和结构设计也需要根据产品的形态和使用场景进行优化，以实现最佳的容纳和保护效果，如图 1-4 所示。

图 1-4

1.1.2 包装的商业媒介价值

除了物理保护功能，包装还是一种重要的商业媒介。在商品经济高度发达的今天，包装不仅是产品的外在表现，更是品牌传播和市场营销的重要工具。通过精美的包装设计，可以吸引消费者的注意力，提升产品的附加值，增强品牌的市场竞争力。日本和果子礼盒（现代）、东京三越百货的季节性礼盒包装等，通过樱花、山川等图案传递节日情感与文化内涵，如图 1-5 所示。

图 1-5

可口可乐弧形瓶（1915 年专利设计），标志性的瓶身成为其品牌代名词，强化了消费者对产品的记忆，如图 1-6 所示。

图 1-6

苹果极简包装（iPhone 盒内分层设计），通过精简结构与高质感材料来传递高端品牌定位，如图 1-7 所示。

图 1-7

包装的商业媒介价值体现在多个方面。首先，包装是品牌形象的直接展示，通过统一的视觉风格和色彩搭配，可以加深消费者对品牌的记忆和认知。其次，包装上的产品信息、品牌口号和促销信息等，可以直接向消费者传达产品的特点和优势，促进销售。此外，包装还可以作为广告载体，通过包装上的广告元素，实现品牌与消费者的互动和沟通，如图 1-8 所示。

图 1-8

1.1.3 包装的社会工程意义

包装不仅具有物理容器和商业媒介的双重属性，还承载着重要的社会工程意义。随着全球环境问题的日益严峻，包装设计的可持续性成为社会关注的焦点。通过采用环保材料、优化包装设计、减少包装废弃物等措施，可以实现包装设计的绿色化、环保化，为可持续发展作出贡献。宜家扁平化包装通过减少运输体积来降低碳排放，如 MALM 家具系列，如图 1-9 所示。

图 1-9

同时，包装设计还需要考虑社会文化和消费者心理等因素。不同国家和地区的文化背景和消费习惯存在差异，因此包装设计需要根据目标市场的特点进行定制化设计。此外，随着消费者对健康、安全、便捷等方面的需求不断提高，包装设计也需要不断创新和改进，以满足消费者的多元化需求。中国台湾云林盛产地瓜，虎珍堂以地瓜生长形态为灵感，将礼盒设计为"地瓜撕开果皮"的仿生造型，底座模拟土壤，上盖搭配地瓜叶元素，传递"从土地到餐桌"的文化理念。消费者需要从底座中取出产品，模拟拔地瓜的互动体验，强化对产地文化的认同感，如图 1-10 所示。

图 1-10

1.2 包装的功能

包装作为产品的外在表现形式，不仅承载着物理保护的功能，还具备人机交互和商业传播等多重作用。全面解析包装的功能系统，有助于读者更深入地理解包装设计的核心价值和设计要点。

1.2.1 基础保护功能

基础保护功能是包装最基本也是最核心的作用。它主要体现在以下几个方面：

1. 物理防护

包装的首要任务是保护产品免受物理损伤，如碰撞、挤压、跌落等。这要求包装材料具备足够的强度和韧性，以及合理的结构设计，如缓冲材料的应用、固定装置的设置等，以确保产品在运输和储存过程中的安全。

2. 环境适应

包装还需要具备适应不同环境条件的能力，如防潮、防霉、防锈、防腐蚀等。这要求包装材料具有良好的密封性和阻隔性，以及根据产品特性选择合适的包装材料和包装方式。

3. 信息保护

对于一些需要保密的产品信息，包装还承担着信息保护的功能。这要求包装具备防窃听、防复制等安全措施，以确保产品信息的机密性和完整性。

基础保护功能的实现，需要综合考虑产品的特性、运输和储存条件，以及目标市场的法律法规等因素，通过科学合理的包装设计和材料选择，确保产品在全生命周期内的安全和质量。医药品是一种非常特殊的商品，常规分为处方药和非处方药，一般处方药不能随意出售，因此医药品包装设计遵循了一定的特有原则。例如：心血管药物用红色、消化系统药物用黄色、抗生素药物用绿色、镇静催眠药物用蓝色等，并在包装的指定位置标示出来，一目了然，如图 1-11 所示。

图 1-11

1.2.2 人机交互功能的实现

随着消费者需求的日益多样化和个性化，包装设计越来越注重人机交互功能的实现。人机交互功能主要体现在以下几个方面：

1. 易用性
包装的设计应便于消费者开启、使用和重新密封等操作。这要求包装结构简洁明了，操作便捷，符合人体工学原理，以减少消费者的使用难度和不便。

2. 体验性
包装的设计还应注重消费者的使用体验。通过采用特殊的材质、形状或结构，如触感舒适的材质、独特的开启方式等，可以增强消费者的使用愉悦感和满意度。

3. 互动性
现代包装设计越来越注重与消费者的互动。通过二维码、AR 技术等手段，消费者可以扫描包装上的信息，获取更多的产品信息和互动体验。这种互动性的设计不仅增加了包装的趣味性，还提高了消费者的参与度和忠诚度。高露洁牙膏管的翻盖设计，实现了单手操作，适合儿童与老年人，如图 1-12 所示。

可拆卸化妆品包装（如 Lush 洗发皂盒），模块化设计便于补充与回收，有利于优化用户体验，提升开启、使用与回收的便利性，如图 1-13 所示。

人机交互功能的实现，需要设计师深入了解目标消费者的需求和偏好，以及产品的特性和使用场景等因素。通过创新的设计理念和手段，将人机交互功能融入包装设计中，以提升消费者的使用体验和满意度。

图 1-12　　　　　　　　　　　　　　图 1-13

1.2.3　商业传播功能的运用

包装作为产品的外在表现形式，具有重要的商业传播功能。商业传播功能主要体现在以下几个方面：

1. 品牌形象展示

包装是品牌形象的重要展示窗口。通过统一的视觉风格和色彩搭配，可以加深消费者对品牌的记忆和认知。同时，包装上的品牌标识、口号等元素也是品牌传播的重要手段。绝对伏特加城市系列瓶身（20 世纪 80 年代），以城市地标图形强化品牌文化联想，被《广告时代》评为"世纪最佳营销案例"，如图 1-14 所示。

2. 产品信息传达

包装上的产品信息、使用说明、生产日期等要素是消费者了解产品的重要途径。通过清晰、准确的信息传达，可以帮助消费者更好地了解产品的特点和优势，促进销售。

3. 促销策略实施

包装还可以作为促销策略的重要载体。通过设计独特的促销元素，如打折信息、赠品提示等，可以吸引消费者的注意力，激发购买欲望。同时，包装上的促销信息也可以与线上线下的营销活动相结合，形成全方位的促销策略。农夫山泉生肖瓶（限量版）每年推出生肖主题瓶身，结合传统文化与收藏价值来促进销售。

商业传播功能的运用，需要设计师深入了解目标市场的法律法规、文化背景和消费习惯等因素。通过创新的设计理念和手段，将商业传播功能融入包装设计中，以提升品牌的知名度和美誉度，促进产品的销售和市场拓展，如图 1-15 所示。

图 1-14 　　　　　　　　　　　　　　图 1-15

第2章
品牌价值与包装创意

品牌是消费者对产品或服务的综合认知总和，包含功能价值（如品质、性能）与情感价值（如文化认同、情感共鸣）。其本质是通过差异化符号系统（如Logo、色彩、口号）构建的消费者心智站位。

2.1 品牌价值体系构建

品牌是连接产品与消费者之间的桥梁，是企业文化和价值的体现。构建完善的品牌价值体系，不仅有助于提升品牌的知名度和美誉度，还能为包装设计提供明确的方向和指引。

2.1.1 品牌含义与本质探讨

品牌，简而言之，是消费者对某一特定产品或服务的认知、感受和评价的总和。它不仅仅是一个名称、标志或符号，更是一种承诺、一种信任、一种情感的寄托。品牌的本质在于其独特性和差异性，它能够使消费者在众多同类产品中迅速识别并选择某一品牌。

■ 案例深度解析：Swan Dive 茶品牌

设计背景：Swan Dive 是一款由女性拥有的英属哥伦比亚硬茶品牌，旨在为传统上以男性为主的行业带来新鲜感。设计机构为其进行了全新的品牌形象设计，通过精心的排版和色彩运用，体现了品牌的冒险精神和创始人的个性，如图 2-1 所示。

设计理念：设计师选择蓝色作为主色调，象征天空和水域，呼应品牌名称中的"潜水"概念。包装设计中使用了粉色、珊瑚色和薰衣草色，以反映不同口味，传达品牌的多样性和活力。Swan Dive 的标志设计融合了流线型的字母形式，象征潜水的动作，体现了品牌的核心价值——身心合一的体验。这种设计不仅美观，还传达出品牌的精神内涵。

图 2-1

  品牌价值的构建需要从多个维度入手，包括产品质量、服务体验、品牌形象、文化内涵等。其中，产品质量是品牌价值的基石，只有确保产品质量的稳定性和可靠性，才能赢得消费者的信任和忠诚；服务体验则是品牌价值的延伸，通过提供优质的服务，可以增强消费者的满意度和忠诚度；品牌形象和文化内涵则是品牌价值的灵魂，它们赋予了品牌独特的个性和魅力，使品牌在激烈的市场竞争中脱颖而出。

■ 案例深度解析：BUNA 威士忌品牌

  设计背景：在烈酒行业，威士忌品牌常以深色调、凯尔特纹样等传统符号来塑造经典形象。意大利西西里威士忌酸酒品牌 BUNA 却反其道而行，通过与设计师合作，以一套充满活力的视觉设计系统，成功吸引了新一代消费者，成为烈酒行业年轻化转型的标杆案例。

  BUNA 作为新兴威士忌酸酒品牌，旨在挑战行业刻板印象。传统威士忌品牌多采用格子呢、复古字体等元素，而 BUNA 希望以现代感与趣味性重塑品牌形象。为此，该品牌邀请设计师打造了一套突破性视觉系统，通过色彩碰撞、大胆字体与幽默插画，构建了一个"既专业又轻松"的威士忌世界，如图 2-2 所示。

  设计理念：设计师以"力量与亲和力的平衡"为核心，颠覆威士忌行业的视觉传统。她解释道："BUNA 的酒精度高于竞品，我们希望通过粗犷的字体传递这种力量感，同时用色彩与插画软化整体调性。"这一理念贯穿于字体选择、色彩搭配与图形设计中，形成与传统威士忌品牌的鲜明对比。插画师为 BUNA 创作了一系列戏谑风格的插画，如夸张的柠檬切片、抽象蒸馏设备等。这些插画以实验性笔触呈现品牌酿造工艺，既保留专业感，又通过幽默元素消解了威士忌的严肃印象。例如，瓶身插画中柠檬的扭曲造型，暗示产品的酸味特质，同时还呼应了 Z 世代对"表情包美学"的偏好。

图 2-2

2.1.2 品牌历史与理念传承

每一个成功的品牌都有其独特的历史和传承。品牌历史是品牌价值的重要组成部分，它见证了品牌的成长和发展历程，承载了品牌的记忆和情感。通过传承和弘扬品牌历史，可以增强品牌的认同感和归属感，使消费者更加深入地了解和认识品牌。

■ **案例深度解析：青岛啤酒"白啤焕新包装"**

设计背景：青岛啤酒有着悠久的历史，1906 年慕尼黑金奖证书元素融入瓶身，八边形框象征着百年工艺坚守。这一次的包装焕新，是希望为原有品牌注入新的活力，用全新的视觉形象与消费者保持沟通，如图 2-3 所示。

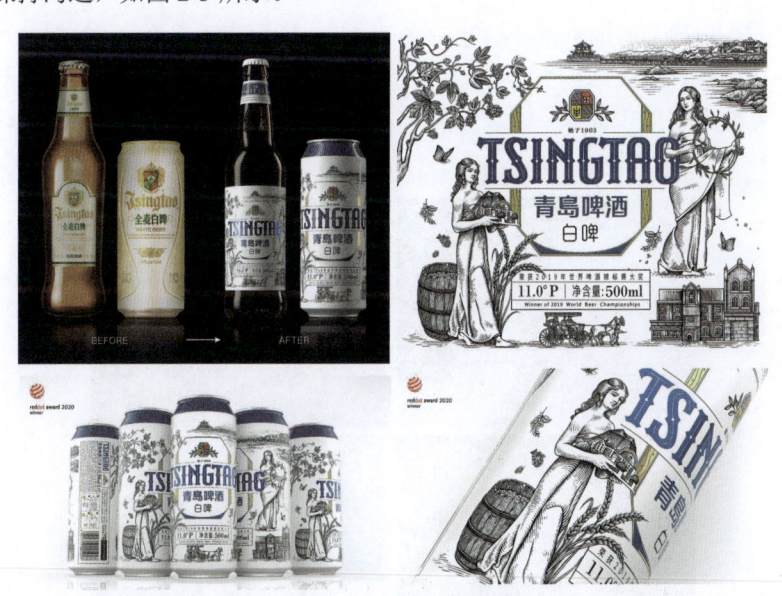

图 2-3

设计理念：整体设计灵感源于青岛啤酒博物馆及青岛啤酒于 1906 年获得的慕尼黑啤酒博览会金奖证书。包装提取了慕尼黑金奖证书上的八边形框，作为贯穿整体的视觉符号，将啤酒桶的木制纹理运用到八边形两侧，用以铭记青岛白啤"中国精酿"不变的坚守。Logo 的设计升级上，顶部的徽章一改传统徽章的繁复，采用图形化的小麦与丁香花，以更加简约、符号化的方式去呈现。包装上的插画设计则撷取自慕尼黑博览会金奖证书画面上的两位古希腊神话中的女神，整幅插画以版画的形式绘制。家庭守护神 Hestia（赫斯提亚）象征着家庭和睦、家人安康；谷物女神 Demeter（德墨忒尔）象征着谷物满仓、财源滚滚，寓意美好。

品牌理念是品牌价值的核心和灵魂，它体现了品牌的核心价值观和使命愿景，是品牌行为和决策的指导原则。通过传承和践行品牌理念，可以确保品牌行为的一致性和连贯性，增强品牌的可信度和美誉度。同时，品牌理念也是包装设计的重要灵感来源，它指导着设计师在创作过程中如何体现品牌的精神和内涵。

2.1.3 品牌愿景与包装策略

品牌愿景是品牌未来发展的蓝图和方向，它明确了品牌的长远目标和战略定位，为品牌的发展提供了明确的方向和指引。包装策略作为品牌策略的重要组成部分，需要紧密围绕品牌愿景来制定和实施。

包装策略的制定需要考虑多个因素，包括目标市场的特点、消费者的需求和偏好、产品的特性和优势等。通过深入了解这些因素，可以制定出更加符合品牌愿景和市场需求的包装策略。例如，对于高端品牌而言，可以采用豪华、精致的包装设计来体现品牌的尊贵和品质；对于年轻消费者群体而言，则可以采用时尚、活泼的包装设计来吸引他们的注意力。

同时，包装策略还需要与品牌的其他营销策略相互配合和协同作用。通过整合营销传播手段，如广告、公关、促销等，可以形成全方位的品牌推广效果，提升品牌的知名度和美誉度。

■ **案例深度解析：Thaladyn 纺织品牌设计**

设计背景：源自比利时的百年纺织世家 Thaladyn，以传承欧洲传统织造工艺与创新功能性面料研发而享誉全球。为强化其全球化战略中的核心优势——比利时亚麻与埃及长绒棉的高端混纺纤维出口，该品牌启动了战略级视觉焕新计划，旨在通过品牌升级传递可持续性与工艺溯源的双重使命，如图 2-4 所示。

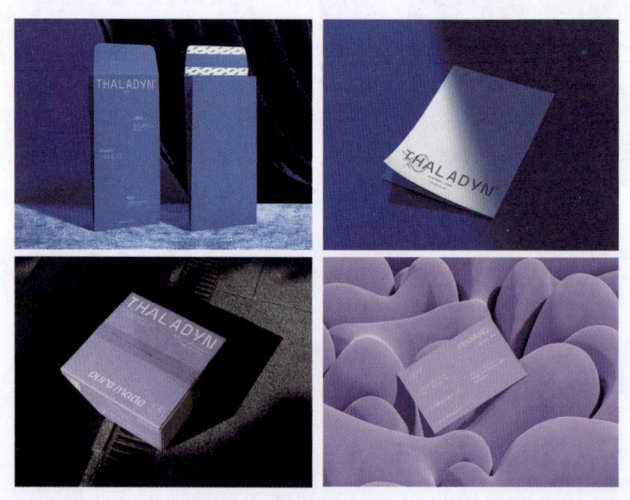

图 2-4

设计理念：在包装颜色方面，设计师选择了深蓝色和薰衣草色作为主色调，这两种颜色既能够体现 Thaladyn 品牌的现代感，又能够唤起人们对自然和环保的联想。同时，她还运用了黑色和白色作为辅助色调，为品牌增添了一份优雅和传统的气息。Thaladyn 进行的品牌策划设计项目无疑是一次成功的尝试，设计师巧妙地融合了技术与传统元素，为品牌打造了一个既具有现代感，又不失传统韵味的视觉形象。

2.2 包装创意与品牌故事

包装不仅是产品的外在表现形式，更是品牌故事的讲述者。通过独特的包装创意和生动的品牌故事，可以加深消费者对品牌的认知和记忆，提升品牌的附加值和竞争力。

2.2.1 包装创意的来源与激发

包装创意的来源多种多样，可以来源于生活、文化、艺术等各个领域。设计师需要保持敏锐的洞察力和创造力，不断从周围环境中汲取灵感和素材。同时，设计师还需要深入了解品牌的历史、理念和愿景等因素，以便更好地将品牌精神融入包装设计中。

■ **案例深度解析**：雪花啤酒包装设计

设计背景：这是一款为雪花啤酒推出的中国首款全麦芽酿造纯生啤酒打造的酒类包装，旨在突出纯粹原料酿造的理念和原汁原味的口感。"纯生"是包装设计背后的座右铭，产品将酿造原料和流程化繁为简，一览无遗地展现"纯与鲜"，如图 2-5 所示。

图 2-5

设计理念：包装延续了这种纯粹感，选用极光绿和纯白配色，以极简风格最大程度地传达纯生的视觉体验。极光绿的玻璃瓶身向内微收呈现出柔和感，增加了持握的舒适度。其上书法浮雕形式的"纯生"二字贯穿整体，展现出柔顺口感和纯粹品质。纯白的铝罐包装内含细腻柔美的线描纹路，点缀着象征酿造原料的图案，不仅通过适当留白引起用户探索的兴趣，也让用户联想到产品的新鲜口感、麦香清醇。

激发包装创意的方法有很多种，如头脑风暴、创意思维训练、跨界合作等。通过这些方法，可以激发设计师的创造力和想象力，创作出更加独特和富有创意的包装设计。例如，通过跨界合作，可以将不同领域的设计理念和技术手段相结合，创造出更加新颖和独特的包装设计。

■ 案例深度解析：精酿啤酒 Deux Huit Huit 包装设计

设计背景： 总部位于加拿大蒙特利尔的互动设计和品牌工作室 Deux Huit Huit 与营销机构 ILOT 携手，为庆祝与垂直农场 INNO-3B 和精酿啤酒厂 Riverbend 的成功合作，共同创作了一款名为 Ascension 的酸啤酒形象。这款啤酒不仅以其协作性质在魁北克地区脱颖而出，更通过其独特的品牌形象设计，有趣地预测了农业的未来，如图 2-6 所示。

图 2-6

设计理念： 在视觉形象方面，Deux Huit Huit 巧妙地将垂直农场的概念融入设计中。通过充满活力和饱和的色彩运用，以及富有创意的插图，展现了未来农场中珍贵芳香植物和金缕梅嫩枝在垂直耕作技术下茁壮成长的场景。这些元素共同构成了一个既有机又充满科技感的视觉形象，让人们对农业的未来充满期待。

2.2.2 品牌故事在包装中的体现

品牌故事是品牌文化和价值的重要体现。通过包装设计来讲述品牌故事，可以加深消费者对品牌的认知和记忆。例如，一些历史悠久的品牌可以通过包装设计来展现其悠久的历史传承和文化底蕴；一些注重环保和可持续发展的品牌则可以通过包装设计来传达其环保理念和社会责任。

■ 案例深度解析：Origin 葡萄酒包装设计

设计背景： 面对葡萄酒市场日益激烈的竞争，Origin 深知仅凭传统的酿造技艺和默默无闻的品牌形象已难以脱颖而出。因此，该公司决定通过品牌形象策划与包装设计，将品牌的独特精神与价值传递给更多消费者，吸引那些注重品质、追求生活情调的葡萄酒爱好者，如图 2-7 和图 2-8 所示。

设计理念： 在品牌形象策划过程中，设计师深刻理解了 Origin 的品牌精神，她提出将当代元素与经典特征相结合，为品牌注入活力与个性。通过自定义文字标记和排版设计，坦迪诺巧妙地平衡了现代与传统的差别，使品牌形象既不失时尚感，又保留了葡萄酒行业的经典韵味。

图 2-7

图 2-8

在包装设计中体现品牌故事的方法有很多种,例如,通过图案、色彩、文字等元素来讲述品牌故事;通过特殊的材质、形状或结构来体现品牌特色;通过互动式的包装设计来增强消费者的参与感和体验感等。这些方法都可以使包装设计更加生动有趣,吸引消费者的注意力并留下深刻印象。

■ 案例深度解析：PLANT psilocybin 药房梦幻品牌形象设计

设计背景：随着科学研究的深入，psilocybin 在治疗抑郁症等精神健康领域展现出巨大潜力。这一发现为 psilocybin 赢得了更多正面的关注，也为 PLANT 药房提供了独特的品牌发展契机。PLANT 希望借助这一趋势，改变公众对 psilocybin 的传统看法，将其定位为一种安全、有效的自然疗法。因此，当 PLANT 决定与 Dark Igloo 合作进行品牌设计时，他们期望能够创造出一个既现代又值得信赖的品牌形象，如图 2-9 和图 2-10 所示。

图 2-9

图 2-10

设计理念：设计师在设计 PLANT 品牌形象时，秉持着"自然、现代、治愈"的核心理念。他们希望通过视觉语言传达出 psilocybin 的神奇魅力，同时确保品牌形象的可信度和亲和力。为此，设计团队深入挖掘了 psilocybin 的文化内涵和医学价值，将其与当代审美趋势相结合，创造出一个既独特又易于识别的品牌形象。在色彩运用上，PLANT 品牌形象采用了以自然为主题的调色板。这些颜色既参考了森林地面的黑暗、泥土色调，也融入了阳光明媚的天空的温暖活力。通过明亮的色彩和闪光的亮点的宁静融合，设计团队旨在模仿 psilocybin 的微妙效果——让人感到幸福而不至于迷失自我。

2.2.3 包装创意与品牌文化的融合

包装创意与品牌文化的融合是包装设计的核心和灵魂。只有将包装创意与品牌文化紧密融合在一起，才能创造出既符合市场需求，又具有独特魅力的包装设计。

在融合包装创意与品牌文化的过程中，需要注意以下几点：首先，要深入了解品牌的历史、理念和愿景等因素，以便更好地把握品牌文化的精髓和内涵；其次，要注重包装设计的创新性和独特性，通过独特的创意和表现手法来体现品牌文化的个性和魅力；最后，要注重包装设计的实用性和可行性，确保包装设计能够符合市场需求和消费者的使用习惯。

■ 案例深度解析：Bar Rollins 品牌形象设计

设计背景：位于美国南卡罗来纳州查尔斯顿的精品酒吧 Bar Rollins，以其独特的格言"Bar Rollins 爱你"为引领，携手奇数小时工作室，共同打造了一个非传统且引人注目的品牌形象。此项目旨在通过设计，全面反映酒吧的古怪和欢迎氛围，同时融入查尔斯顿的物理背景和美学特色，如图 2-11 和图 2-12 所示。

图 2-11

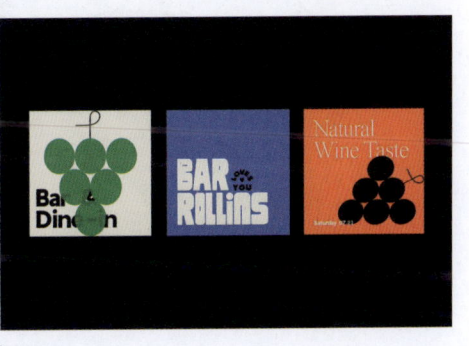

图 2-12

设计理念：模块化的结构使得 Logo 在印刷和数字空间的应用中展现出迷人的可变性。同时，定制的插图集和充满活力的色调也进一步强化了品牌的视觉冲击力。钴蓝作为酒吧一直以来的主打色调被巧妙地保留在了新的调色板中。同时，通过添加绿色和橙色等色调，以及奶油和黑色来平衡强烈的颜色，使得整个调色板既年轻又不失稳重。

2.3 文化元素的融合

文化元素是指能够体现特定地区、民族或社会群体文化特征的符号、图案、色彩、文字等视觉元素。它们是人类历史和文化传承的重要组成部分，具有强烈的识别性和情感共鸣力。在产品包装设计中融入文化元素，可以帮助产品在众多竞品中脱颖而出，同时还能够传递品牌的文化理念和价值主张，如图 2-13 所示。

图 2-13

设计师通过巧妙地将文化元素融入包装设计中，不仅赋予了产品独特的个性和故事性，还让消费者在购买和使用过程中体验到一场文化盛宴。

2.3.1 本土化设计策略

包装设计的本土化设计策略是指挖掘产品的地域特色，如使用当地的传统图案、色彩或建筑元素，让消费者一眼就能识别出产品的文化背景，如图 2-14 和图 2-15 所示。

图 2-14

图 2-15

2.3.2 节日主题策略

包装设计的节日主题策略是指利用节日的文化象征,如春节使用红色和金色,圣诞节采用绿色和红色,以此吸引消费者的注意并激发购买欲望,如图 2-16 所示。

图 2-16

2.3.3 历史典故策略

包装设计的历史典故策略是指引用历史人物、事件或传说，让包装讲述一个故事，增加产品的文化深度和教育意义，如图 2-17 所示。

图 2-17

2.3.4 艺术合作策略

包装设计的艺术合作策略是指与艺术家合作，将艺术作品融入包装设计中，提升产品的艺术价值和收藏价值，如图 2-18 所示。

图 2-18

第3章
包装创意设计前期准备

在包装创意设计的过程中，前期准备是至关重要的一环，它不仅关系到设计方案的可行性和有效性，还直接影响到最终产品的市场竞争力和消费者的接受度。因此，本章将详细探讨包装创意设计的前期准备工作，包括调查研究与需求分析、设计师自我定位与素养等方面。

3.1 调查研究与需求分析

在进行包装创意设计之前，必须对市场环境、竞品情况及目标用户进行深入的调查研究，以明确设计需求和方向。

3.1.1 市场调研与竞品分析

市场调研是了解市场环境和消费者需求的重要手段。通过市场调研，可以获取关于目标市场的规模、增长率、竞争格局、消费者偏好等方面的信息。这些信息有助于设计师更好地把握市场趋势和消费者需求，为包装设计提供有力的数据支持。

竞品分析是市场调研的重要组成部分。通过对竞品包装的设计、材料、工艺、价格等方面进行分析，可以了解竞品的优势和不足，为自身包装设计提供借鉴和参考。同时，竞品分析还有助于设计师发现市场空白点和差异化设计机会，为打造具有独特魅力的包装设计提供思路。

以卫龙辣条为例，其在品牌升级过程中通过市场调研发现，消费者对辣条的"低端"刻板印象成为增长瓶颈。为此，卫龙采用暴走漫画联名包装设计，将表情包文化融入产品形象，成功打破用户认知壁垒，使品牌年轻化并跻身高端零食市场。这一案例表明，竞品分析需要聚焦差异化策略，例如，对比传统辣条包装的廉价感，卫龙采用极简白底＋黑色幽默文案，既保留了产品本质，又通过视觉语言提升了品牌溢价能力，如图3-1所示。

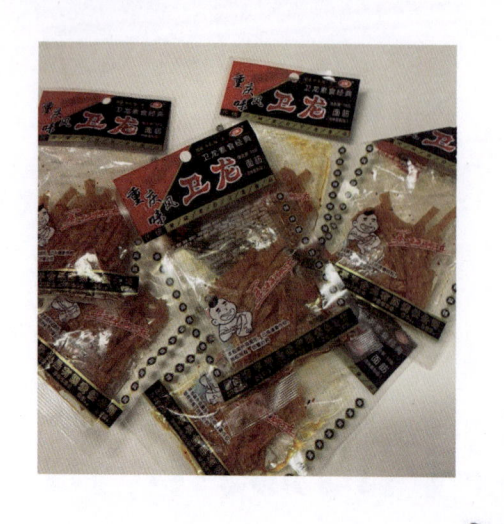

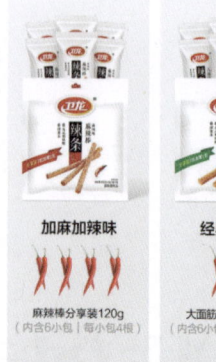

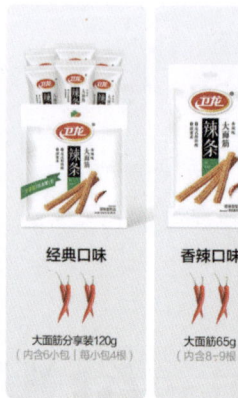

卫龙借势一波暴走的表情包热度，逐渐渗透在人们的日常聊天中。以至于当谈起"辣条"时，大家的第一反应基本上都是卫龙。

图 3-1

  在技术层面，调研工具可结合行业报告（如《2024年包装行业白皮书》）与专利数据库（如美国专利局 USPTO）。以小米 Logo 升级为例，其超椭圆造型虽看似微小调整，实则基于对全球科技品牌视觉趋势的深度分析（如苹果、三星的圆润化设计），通过用户眼动实验验证辨识度提升 12%。设计师需要从材料（如环保纸浆替代塑料）、工艺（浮雕烫印技术）、功能（智能标签）3 个维度拆解竞品策略，形成可量化的设计需求文档，如图 3-2 所示。

第 3 章　包装创意设计前期准备

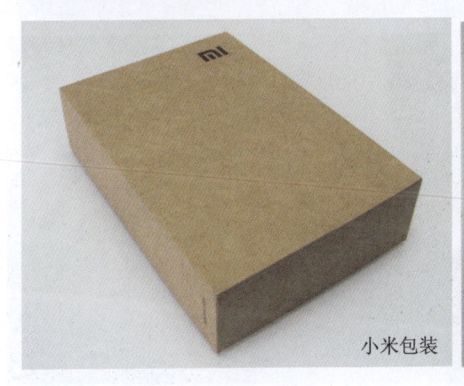

小米新版 Logo　　　　　　　　小米旧版 Logo

小米新版 Logo

小米产品　　　　　　　　小米产品

小米包装　　　　　　　　小米包装

图 3-2

023

3.1.2 目标用户画像构建

目标用户画像是指通过收集和分析目标用户的信息，构建出一个具有代表性的用户形象。这个形象包括用户的年龄、性别、职业、收入水平、兴趣爱好、消费习惯等方面的特征。通过构建目标用户画像，设计师可以更加深入地了解目标用户的需求和偏好，为包装设计提供更加精准的定位和策略。

在构建目标用户画像的过程中，需要采用多种方法和手段，如问卷调查、访谈、观察等。通过这些方法，可以获取关于目标用户的详细信息，为画像的构建提供有力的支持。同时，还需要对收集到的信息进行整理和分析，以便更加准确地把握目标用户的需求和偏好。

以三只松鼠为例，其核心用户为 25～35 岁的一线城市女性，偏好"趣味社交"与"健康零食"。为此，该品牌推出龙年坚果礼盒，采用立体插画与金色烫印工艺，将产品从"日常零食"升级为"节日社交货币"，精准匹配用户的礼品场景需求。数据采集可借助 PowerBI 生成可视化图表，例如通过购买频次与客单价分布，识别高价值用户群体的色彩偏好（如 Z 世代对荧光色的接受度高于传统消费者），如图 3-3 所示。

旧 Logo　　　　　新 Logo　　　　　最早期三只松鼠 Logo

第 1 版 Logo　　第 2 版 Logo　　第 3 版 Logo　　第 4 版 Logo

三只松鼠线下店　　　　　三只松鼠动画 IP

图 3-3

第 3 章 包装创意设计前期准备

深层用户需求往往隐藏于行为数据中。例如，农夫山泉学生水，通过用户调研发现，青少年群体对"自然健康"的认知与水源地的文化强关联。设计团队将长白山四季景观与珍稀动物手绘于瓶身，不仅满足功能需求（便携瓶型），更通过情感化设计强化用户对品牌"纯净"价值观的认同。此类案例表明，用户画像需要超越基础标签，挖掘文化符号（如国潮元素）与情感触点（如怀旧情怀）的交叉影响，如图3-4和图3-5所示。

图 3-4

文案：长白山的春，冰雪初融，万物苏醒。青蛙先生和蝴蝶先生精心装扮，赶赴春的聚会。

文案：长白山的夏，繁花似锦，意趣盎然。鹿先生再也耐不住寂寞，随夏的狂欢曲欢快奔腾。

图 3-5

025

文案：长白山的秋，层林尽染，硕果累累。熊在树下等待，树上的鱼什么时候才能成熟。

文案：长白山的冬，雪舞冰封，银装素裹。猞猁喜欢的季节到了，整片森林都是它的溜冰场。

图 3-5（续）

3.1.3 设计需求明确与细化

在完成市场调研、竞品分析及构建目标用户画像之后，需要对设计需求进行明确和细化。设计需求包括包装的功能需求、美学需求、成本需求等内容。通过明确和细化设计需求，可以为设计师提供更加清晰的设计方向和目标。

在明确和细化设计需求的过程中，需要充分考虑目标用户的需求和偏好，以及市场环境的变化。同时，还需要与团队成员进行充分的沟通和交流，确保设计需求的准确性和可行性。通过明确和细化设计需求，可以为后续的设计工作提供有力的支持和保障。

设计需求文档（DRD）是创意落地的操作指南，需要兼顾功能性、美学性与合规性。以苹果 AirTag 包装为例，其需求明确为"环保"与"开箱仪式感"：采用 100% 可回收纤维材料，内盒结构通过磁吸分层设计，使用户揭开时产生"科技产品精密感"的体验。在技术细节上，需要标注材料参数（如 300g 铜版纸的耐压强度）、工艺标准（如 Pantone 专色印刷误差≤0.5%），并嵌入法规条款（如欧盟 REACH 法规对油墨重金属含量的限制），如图 3-6 和图 3-7 所示。

图 3-6

图 3-7

风险管控是需求细化的关键环节。例如，食品包装需要符合 GB 7718-2011 的食品标签规范，而药品包装则需要通过儿童安全测试（如亨氏婴儿果泥旋钮盖的防误开设计）。设计师可通过 FMEA（失效模式与效应分析）工具预判潜在问题，如运输震动导致瓶盖渗漏，需要在需求中增加"跌落测试高度 ≥ 1.2m"的验证条件，如图 3-8 所示。

图 3-8

3.2 设计师自我定位与素养

作为包装创意设计的主导者，设计师的自我定位和素养对于设计方案的成功与否具有至关重要的影响。因此，设计师需要明确自己的角色和职责定位，不断提升自己的技能和素养水平。

3.2.1 设计师角色与职责定位

设计师在包装创意设计中扮演着至关重要的角色。他们不仅需要具备扎实的专业知识和技能水平，还需要具备良好的沟通能力和团队合作精神。设计师的主要职责包括市场调研、竞品分析、设计创意构思、设计方案制定、设计效果评估等。

在设计过程中，设计师需要与团队成员进行充分的沟通和交流，确保设计方案的准确性和可行性。同时，还需要关注市场环境和消费者需求的变化情况，及时调整和优化设计方案。通过明确自己的角色和职责定位，设计师可以更好地发挥自身的专业优势和创新能力，为包装创意设计提供更加有力的支持。

现代包装设计师已从"美工"演变为策略协同者与技术整合者。以 Tropicália 烘焙咖啡店品牌升级为例，设计师大卫·萨拉维亚（David Saravia）的插图作品尤为突出，他巧妙地运用了植物、动物和气候等元素，将 Tropicália 的主要特点展现得淋漓尽致。这些元素不仅彰显了 Tropicália 对咖啡的热爱，也体现了其对热带地区文化的深刻理解和尊重，如图3-9所示。

图 3-9

■ **案例深度解析：IGNEA 葡萄酒焕新包装**

设计背景：设计师的职责范围同样广泛延伸至跨部门的协同合作领域。以 IGNEA 葡萄酒焕新包装项目为例，设计师需要携手酒庄管理团队，共同深入探索 IGNEA 品牌的深层精髓，巧妙融合矿物纯净度与野性、不可预知性的元素，精心塑造出一种既微妙又层次丰富的视觉识别体系。此设计不仅精妙地捕捉并展现了品牌的美学理念，还通过运用非传统、略带喧嚣与炫耀意味的图形隐喻，深刻传达了品牌追求简约而不失活力的精神内核，如图 3-10 所示。

图 3-10

视觉形象：在此次品牌形象设计的宏伟蓝图中，Logo 设计无疑占据了核心地位。设计师匠心独具，为 IGNEA 量身定制了一个融合尖锐与粗犷字体的独特文字标记。通过图形软件的精妙处理，这一标记被赋予了一个标志性的喇叭形衬线，犹如一声响亮的号角，宣告着品牌的英勇与不凡。此设计不仅彰显了 IGNEA 的力度与决心，更以其独树一帜的个性，在视觉上给人留下了深刻烙印。

识别颜色：在色彩的选择上，设计师展现出了非凡的巧思与敏锐。他巧妙地将单色调色板与 Graphik 字体相结合，营造出一种既简约又不失高雅的视觉氛围。这一单色调的选择，不仅是对葡萄酒低干预酿造理念的致敬，也有效降低了印刷成本，体现了品牌对环境保护的深切关怀。与此同时，设计师还精心打造了一个功能性极强的次要调色板，用以区分并强化品牌的多元特征，如季节的变换、火山的壮丽、地域的特色等，为 IGNEA 品牌注入了丰富的层次与蓬勃的活力。

3.2.2　设计师必备技能与素养

作为包装创意设计的主导者，设计师需要具备一系列必备的技能和素养。

（1）创意思维能力。

创意思维能力是设计师最重要的素养之一。设计师需要具备敏锐的洞察力和丰富的想象力，能够不断地从周围环境中汲取灵感和素材。同时，还需要具备灵活的思维方式和独特的创意构思能力，能够不断地提出新颖独特的设计方案。

（2）设计表现能力。

设计表现能力是设计师必备的技能之一。设计师需要熟练掌握各种设计软件和工具的使用方法，能够将自己的创意构思转化为具体的设计作品。同时，还需要具备良好的审美能力和色彩搭配能力，确保设计作品的美观性和实用性。

（3）沟通协调能力。

沟通协调能力是设计师不可或缺的素养之一。设计师需要与团队成员进行充分的沟通和交流，确保设计方案的准确性和可行性。同时，还需要与客户和供应商进行有效的沟通和协调，确保设计作品的顺利实施和交付。

（4）团队协作能力。

团队协作能力也是设计师必备的素养之一。设计师需要与团队成员密切合作，共同完成设计任务。通过团队协作，可以充分发挥每个成员的专业优势和创新能力，提高设计效率和质量。

在技术能力上，3D建模（如C4D渲染）与材料科学知识是基础门槛。以Lush洗发皂包装为例，设计师需掌握水溶性包装纸的降解周期，确保产品在运输中防潮，在使用时又能快速溶解于水流。同时，AI工具（如MidJourney生成草图）正在成为趋势捕捉利器，例如，输入"packing design"关键词，可快速获得包装的创意雏形，如图3-11所示。

图 3-11

以下是一些包装设计师应该掌握的关键技能。

1. 图形设计

精通图形设计软件（如Photoshop、Adobe Illustrator等），能够创建引人注目的包装设计。

1）Photoshop

（1）平面设计。

平面设计是Photoshop应用最为广泛的领域，无论是一本杂志封面，还是商场里的招贴、海报，都是具有丰富图像的平面印刷品，这些基本上都需要使用 Photoshop 软件对图像进行处理，如图 3-12 所示。

图 3-12

（2）照片处理。

Photoshop 具有强大的图像修饰功能，利用这些功能，可以快速修复一张破损的老照片，也可以修复人脸上的斑点等缺陷，如图 3-13 所示。

原图　　　　　　　　　　　　　　修复之后

图 3-13

（3）插画作品。

插画是现在比较流行的一种绘画风格，在现实中添加了虚拟的意象，给人一种完美的质感，更为单纯的手绘画添加了几分生气与艺术感，也是大家所喜爱的一种绘画效果，如图 3-14 所示。

图 3-14

（4）UI 设计。

网络和游戏的普及是促使更多人掌握 Photoshop 的一个重要原因。因为在制作 UI 时，Photoshop 是必不可少的图像处理软件，如图 3-15 所示。

图 3-15

2）Illustrator

Illustrator 是 Adobe 公司开发的基于矢量图像制作的优秀软件，它在矢量绘图软件中占有一席之地，并且对位图具有一定的处理能力。使用 Illustrator 可以创建一些无损放大的插图，如矢量插画、大画幅广告图形等。而且 Illustrator 与 Photoshop 有着类似的操作界面和快捷键，并能共享一些插件和功能，是众多设计师、插画师的首选软件制作工具。

Illustrator 支持多种文件格式，包括常用的 AI、BMP、CDT、EPS、GIF、JPG、PSD、TIF 等。另外，Illustrator 也支持多种色彩模式，包括 CMYK、RGB、HLS、LAB、HSB 等。支持多种图层管理，可以利用效果调整位图的色彩效果，还可以利用交互式工具绘制出写实的图像效果。

（1）广告设计。

广告设计是从创意到制作的一个中间过程，通过各种媒介使更多受众知晓产品、品牌或企业等对象，它的最终目的是通过广告宣传达到吸引受众眼球的效果。广告的表现手段是多种多样的，但是目的都是一样的。图 3-16 所示的广告设计运用了 Illustrator 中排列文字的功能，将文字排列成笔记本电脑屏幕的形态，其创意令人一目了然。

图 3-16

（2）CI 设计、Logo 设计。

CI 也称 CIS，是英文 Corporate Identity System 的缩写，一般译为"企业视觉形象识别系统"。CI 设计，即有关企业视觉形象识别的设计，包括企业名称、标志、标准字体、色彩、象征图案、标语、吉祥物等。Logo 是一个企业或产品的抽象化视觉符号，它是 CI 设计中最基本的元素。图 3-17 所示的 Logo 设计运用了 Illustrator 中的绘图功能。

图 3-17

（3）招贴海报设计。

招贴也称海报或宣传画，属于户外广告，在国外也称为瞬间艺术。它是广告艺术中比较大众化的一种载体，用来完成一定的宣传任务，或是为报导、广告、劝喻、教育等目的服务。在我国用于公益或文化宣传的海报招贴，称为公益或文化招贴或简称海报；用于商品的海报招贴，则称为商品广告招贴或商品宣传画。图 3-18 所示的招贴海报设计运用了 Illustrator 的绘图功能和色彩填充功能。

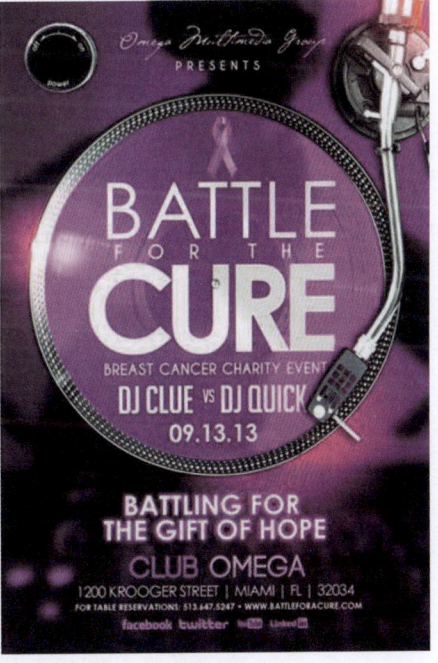

图 3-18

2. 创意思维

拥有卓越的创意思维和非凡的创新能力，个人或团队能够源源不断地提出新颖独特、富有前瞻性的设计概念，这些概念不仅深刻洞察了市场需求与消费者心理，还巧妙融合了最新的科技趋势与艺术灵感。通过这样的创新设计，产品得以在竞争激烈的市场中独树一帜，不仅吸引了广大消费者的目光，更在品牌形象上树立了鲜明的差异化优势，使产品在众多同类中脱颖而出，成为引领潮流、备受追捧的佼佼者，如图 3-19 所示。

图 3-19

3. 色彩理论

深入理解色彩搭配的原理,具备高超的色彩理论与美学素养,个人或设计师能够精准地选择和运用符合产品特性和品牌形象的色彩方案。这包括对不同色彩在视觉和心理层面上的影响有深刻的认识,比如红色常被用于传达活力、激情与紧急感,蓝色则常被看作冷静、信任与专业的象征。在此基础上,设计师能够巧妙地利用色彩对比、渐变、饱和度变化等手法,创造出既和谐又富有视觉冲击力的设计效果。

不仅如此,了解色彩在不同文化背景下的含义与接受度,也是选择色彩方案时不可或缺的一环。一个成功的色彩策略不仅要能吸引目标市场的注意,更要避免文化差异带来的误解,确保品牌信息的正面传达。通过精心的色彩选择与搭配,设计作品不仅能强化产品的特性,提升品牌辨识度,还能在消费者心中留下深刻而积极的印象,从而有效促进产品销售,建立品牌忠诚度,如图 3-20 所示。

图 3-20

4. 包装材料和印刷工艺

对各类包装材料的特性和印刷工艺拥有深入而全面的了解,是确保设计作品在实际生产过程中得以完美实现的关键。这要求设计师不仅具备丰富的设计理论知识,还需要熟悉市场上各种包装材料的物理属性、环保性能、成本效益,以及它们在不同环境条件下的表现。例如,纸质材料因其可回收性和良好的印刷适应性而广泛应用于食品包装,而塑料材料则因其防水、防潮等特性在化妆品和电子产品包装中占据一席之地。

此外,掌握各种印刷工艺的特点与限制同样至关重要。从传统的胶印、凹印到现代的数码印刷、烫金、UV 印刷等,每种工艺都有其独特的优势与适用场景。设计师需根据设计需求、成本预算及生产周期等因素进行综合考虑,选择最合适的印刷工艺,以确保设计效果的精准还原和成本控制。

在这个过程中,与生产商的紧密沟通与协作也是不可或缺的。通过及时的技术交流,设计师可以了解材料选择与印刷工艺的最新进展,避免因技术限制而导致设计调整,同时也能获得关于生产可行性的宝贵反馈,进一步优化设计方案,确保最终产品的品质与设计初衷高度一致,满足市场与客户的需求,如图 3-21 所示。

图 3-21

5. 结构设计

具备出色的包装结构设计能力,意味着设计师不仅掌握了包装美学的基本原理,还深入了解了各种包装形式和折叠方式的实际应用与优势。这一能力使得设计师能够根据不同产品的特性、运输需求及目标市场的消费者偏好,量身定制出既美观又实用的包装解决方案。

在包装结构设计的过程中,设计师需要综合考虑包装的保护性、便携性、展示性、环保性等多个维度。例如,对于易碎或高价值的产品,可能会采用多层缓冲材料或定制化的内部支撑结构,以确保产品在运输过程中安全无损;而对于需要频繁携带或展示的产品,设计师可能会倾向于设计轻巧、易于开启且便于堆叠的包装形式，以提升用户体验和货架吸引力。

熟悉不同材料的折叠与成型工艺也是结构设计中的重要一环。从简单的纸盒折叠到复杂的模切、压痕与粘贴工艺，设计师需要了解每种工艺的局限性与成本效益，以确保设计在保持创意的同时，也能顺利转化为实际生产。通过精确的尺寸计算与结构模拟，设计师可以预见并解决潜在的生产问题，避免不必要的成本浪费和时间延误。

一个成功的包装结构设计不仅能够有效保护产品、提升品牌形象，还能在环保与可持续发展的背景下，引导消费者形成积极的消费习惯，为品牌赢得更多社会认同与市场份额，如图3-22 所示。

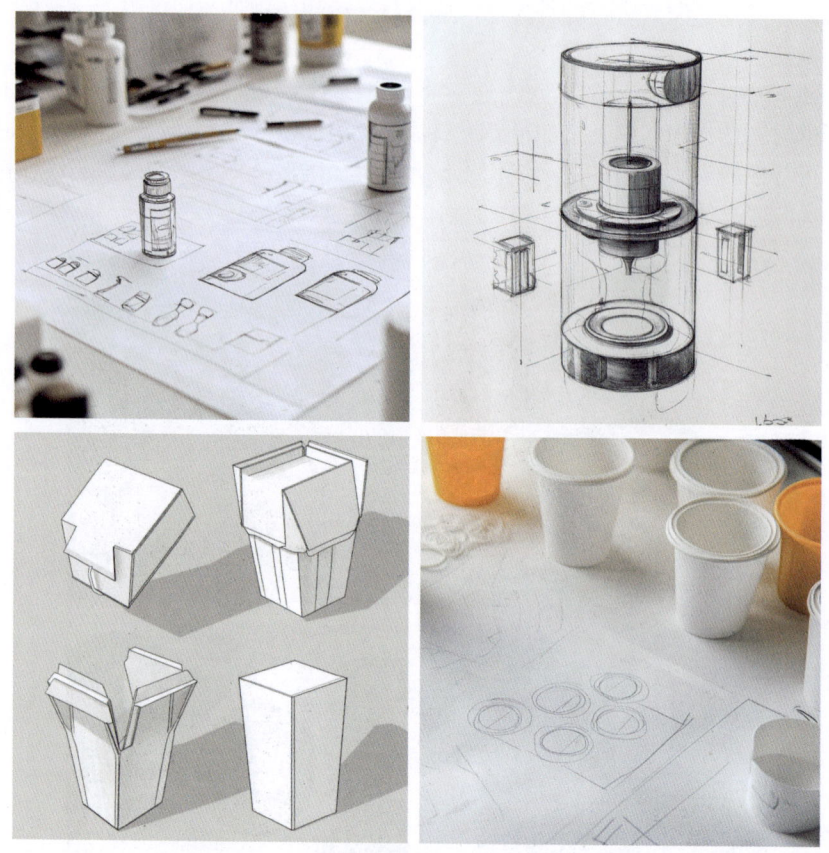

图 3-22

6. 品牌认知

深刻理解品牌的定位和价值，是设计师在包装设计中传达品牌形象、确保与品牌战略保持一致性的基石。这一过程要求设计师不仅具备高度的创意能力和审美素养，还要拥有敏锐的市场洞察力和深厚的品牌管理知识。

首先，设计师需要全面研究品牌的历史、愿景、使命及核心价值观，理解其在市场中的独特定位。这包括品牌所代表的价值观、目标受众、市场细分及竞争对手分析等内容。通过对这些关键信息的综合把握，设计师能够准确把握品牌的核心信息，从而在包装设计中巧妙地融入品牌个性，强化品牌的识别度。

其次，设计师需要与品牌团队紧密合作，确保包装设计与品牌整体战略相协调。这包括色彩选择、字体风格、图案元素及包装形态等所有视觉元素的运用，都要紧密围绕品牌的核心价值和市场定位进行。例如，一个强调自然、健康的品牌可能会选择绿色调和天然材质的包装，而一个追求高端、奢华的品牌则可能会采用金色或深色系，结合精致的材质和工艺，以体现其品质与格调。

设计师还需要考虑包装在不同场景下的展示效果，如货架陈列、线上展示，以及消费者手中的使用体验，确保包装设计在传递品牌形象的同时，也能有效吸引目标受众的注意，激发购买欲望。

■ 案例深度解析：Beaucoup 香料包装设计

设计背景：Beaucoup，一个源于创始人杰里米·纳金（Jeremy Nagin）厨房灵感与创意的香料混搭品牌，凭借其数十年在测试厨房中积累的丰富经验和独特的克里奥尔传统风味，成功地在市场上脱颖而出，赢得了广泛的认可与赞誉，如图 3-23 所示。

图 3-23

设计理念：设计师在设计中巧妙地融入了运动与时尚的审美元素，创造了一种独特类型与质地的混合体。他们勇于突破传统包装设计的界限，巧妙地将收藏风格、短暂的铅印图形与引人注目的字体选择相结合，为作品赋予了全新的生命力。在品牌包装策划中，Beaucoup 的文字标记以两种截然不同的形式呈现，这一创新之举打破了传统品牌单一标志的固有模式。对此，设计师解释道："我们希望通过这种创新方式为品牌注入更多的灵活性和多样性，使品牌能够在不同的应用场景下展现出其独特的魅力与风采。"

7. 3D 建模和渲染

具备使用专业 3D 建模软件创建虚拟包装效果的精湛技能，是现代包装设计师不可或缺的能力之一。这一技能使设计师能够以前所未有的方式展示产品在不同角度、光照条件及实际使用环境中的外观，从而极大地提升了设计的可视化程度和客户沟通效率。

通过 3D 建模，设计师可以精确地构建出包装的三维模型，包括形状、尺寸、材质纹理，乃至包装内部的布局与结构。这一过程不仅要求设计师具备扎实的空间想象力和对细节的极致追求，还需要熟练掌握如 Maya、Blender、Cinema 4D 或 3ds Max 等主流 3D 建模软件的操作技巧。

而渲染技术则是将 3D 模型转化为逼真图像的关键步骤。通过调整光源、阴影、反射、折射及材质属性等参数，设计师能够模拟出接近真实世界的视觉效果，使虚拟包装在视觉上达到以假乱真的程度。这不仅有助于设计师在设计初期就能发现并解决潜在的问题，还能为客户提供直观的设计预览，加速决策过程。图 3-24 所示为使用 Cinema 4D 制作模型和渲染的过程截图。

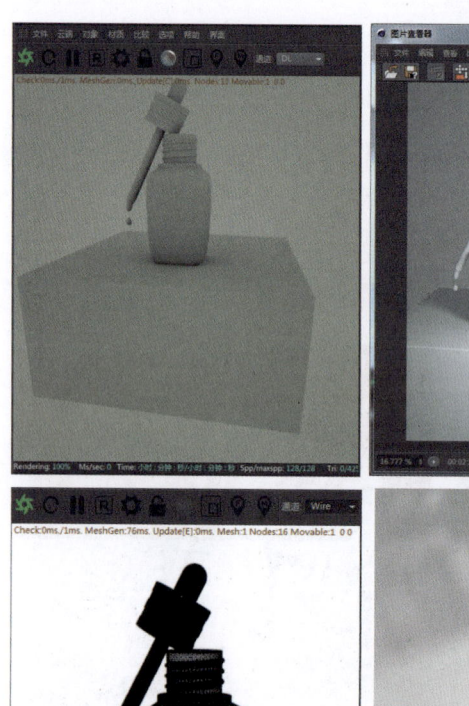

图 3-24

8. 市场趋势了解

保持对包装设计和市场趋势的高度敏感性，是每一位包装设计师职业生涯中不可或缺的重要素质。这意味着设计师需要时刻将自己置于行业的前沿，积极追踪并分析最新的设计潮流、技术创新，以及消费者偏好的微妙变化，以确保自己的设计理念始终与市场需求保持同步。

为了实现这一目标，设计师需要建立一套有效的信息收集与分析机制。这包括定期浏览行业内的专业杂志、设计网站和社交媒体平台，参加设计展览和研讨会，以及与客户和市场研究团队保持密切沟通。通过这些渠道，设计师可以第一时间获取到关于新材料、新工艺、新技术及全球范围内设计趋势的最新资讯，从而不断拓宽自己的设计视野，激发创新灵感。

同时，深入理解消费者偏好的变化也是至关重要的。设计师需要关注目标市场的消费者行为、生活方式及审美趋势，分析这些因素如何影响包装设计的接受度和市场反应。例如，随人们环保意识的日益增强，越来越多的消费者开始偏好使用可回收、可降解材料的包装，设计师就需要在设计过程中考虑如何平衡美观性与环保性，以满足这一市场需求。

设计师还应具备将市场趋势转化为具体设计策略的能力。这要求设计师不仅能够敏锐地捕捉到趋势的变化，还要将这些趋势与自己的设计理念相结合，创造出既符合市场潮流又不失个人风格的设计作品。通过不断尝试和迭代，设计师可以逐渐建立起一套独特的设计语言，从而在激烈的市场竞争中脱颖而出。

■ 案例深度解析：COPS 甜甜圈包装设计

设计背景：设计师为多伦多的 COPS 甜甜圈店精心打造了一系列全新的产品包装。鉴于该品牌以往使用的包装材料缺乏环保性，且色调设计不够吸引人，公司决定采取积极措施，力求通过更换为环保纸盒并采用更加吸引女性和儿童眼球的包装色调，为产品注入全新的活力与魅力。此次包装设计的革新，不仅提升了产品的视觉效果，更在环保理念上迈出重要一步，以期在市场上树立更加积极、正面的品牌形象，如图 3-25 和图 3-26 所示。

图 3-25

图 3-26

设计理念：新形象不仅精妙地融合了北美甜甜圈标志性的经典粉色色调，还通过一系列洋溢着活力、趣味盎然的设计元素，无论是在实体店面还是数字平台上，都极为抢眼，成功实现了品牌的全方位升级与差异化呈现。此外，该品牌还采用了可回收纸包装，进一步彰显了其对环保理念的承诺与实践，为品牌形象增添了更多积极的社会价值。

3.2.3 设计师个人品牌塑造

在竞争日益激烈的设计行业中，设计师个人品牌的塑造对于提升个人影响力和市场竞争力具有至关重要的作用。设计师需要通过不断学习和实践来提升自己的专业水平和创新能力，同时还需要注重个人形象的塑造和品牌推广。图 3-27 所示为国际个人品牌的著名设计师网站。

图 3-27

设计师可以通过参加各种设计比赛和展览来展示自己的设计作品和才华。通过获奖和获得认可，可以提升自己的知名度和影响力。同时，还可以通过撰写设计文章和分享设计心得来展示自己的专业水平和创新能力，吸引更多粉丝的关注，如图 3-28 和图 3-29 所示。

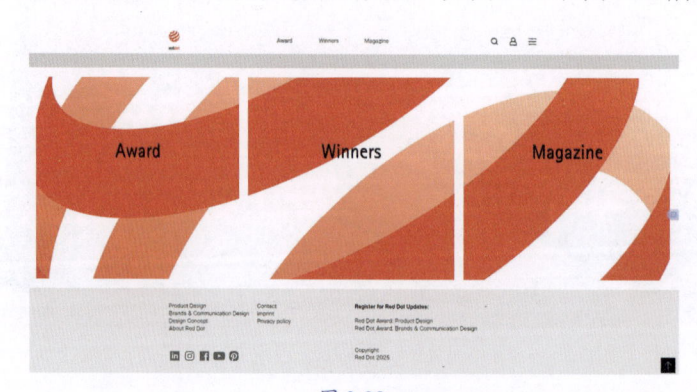

图 3-28

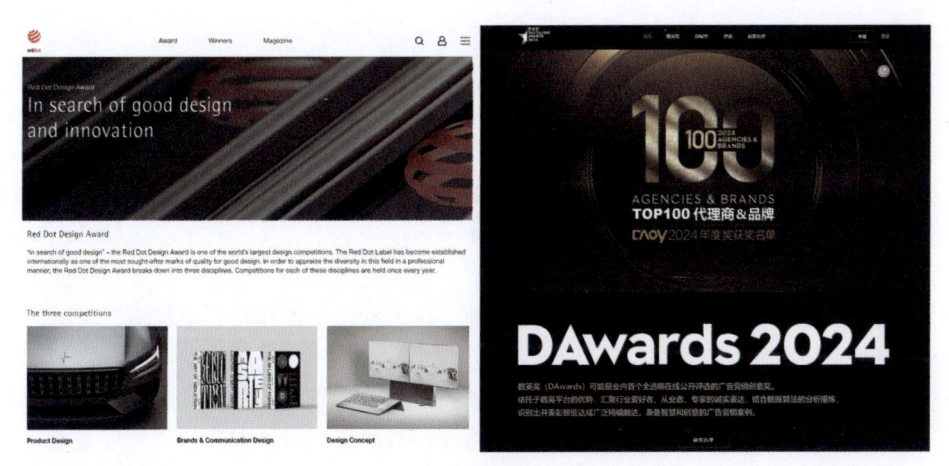

图 3-29

此外，设计师还可以通过建立个人网站和社交媒体账号来推广自己的品牌和作品。通过不断更新和维护个人网站和社交媒体账号的内容，可以吸引更多人的关注，并提升自己的影响力和市场竞争力。通过个人品牌的塑造和推广，设计师可以在竞争激烈的市场中脱颖而出，成为备受瞩目的设计明星，如图 3-30 所示。

图 3-30

下面来探讨一下如何塑造个人品牌。

1. 定位：塑造你的独特"设计语言"

在设计师个人品牌的构建过程中，定位无疑是奠定基石的第一步。它远远超越了单纯风格的选择，而是设计师核心价值与理念的深刻体现。一个精准而鲜明的定位，犹如设计师在浩瀚行业海洋中的灯塔，引领其脱颖而出，成为众人瞩目的焦点。

设计师需要深刻自省：我的设计风格中蕴含着哪些独一无二的魅力？我的作品又能为用户的生活带来哪些实质性的价值与改变？这些问题的答案，正是构建个人品牌定位的关键所在。

一旦定位确立，它将成为连接设计师与用户的桥梁，使用户能够迅速识别并记住你的品牌特色。正如日本设计巨匠原研哉，以其极简主义的设计理念，为"无印良品"这一品牌注入了灵魂。在日语中，"无印良品"寓意着"无品牌标志的优质商品"，专注于提供简约、实用、环保的日常用品。原研哉的设计才华在此得到了淋漓尽致的展现，他不仅通过设计传递了品牌的纯朴与简洁之美，更深刻地诠释了以人为本的设计理念，从而赢得了全球消费者的广泛赞誉与深刻认同。

这样的定位，不仅塑造了设计师的独特形象，更在消费者心中留下了不可磨灭的印记。图3-31所示为日本设计师原研哉获奖的情景和他给无印良品公司设计的作品。

图 3-31

2. 立人设：精心雕琢你的"设计形象"

定位明确后，设计师接下来需要致力于塑造一个鲜明而立体的人设，以此将品牌形象具象化，使之跃然纸上，深入人心。一个清晰、独特的设计形象，无疑能在受众心中留下深刻的烙印，彰显你的专业底蕴与非凡魅力。

在社交媒体这一广阔舞台上，设计师不妨大方地分享创作过程中的点滴，如草图的勾勒、灵感的捕捉，乃至设计工具的运用，这些都能生动展现你的专业素养与创意才华，使观众得以窥见设计背后的故事，感受那份匠心独具与思维碰撞的火花。

同时，融入生活化内容，诸如旅行途中的设计灵感捕捉，或者日常生活中的美学感悟，无疑能为你的形象增添一抹温情与亲和力，让观众感受到品牌的温度与人文关怀。众多全球知名设计师正是通过 Behance 等平台，全面展示项目从概念萌芽到最终实现的每一步，不仅吸引了海量粉丝的关注，更赢得了顶级品牌的青睐与合作机遇，这无疑是对社交媒体在塑造设计形象方面巨大潜力的有力佐证。

而在国内，站酷 ZCOOL 同样成为了设计师们交流心得、展示佳作的重要舞台。随着因此网的蓬勃发展，越来越多的设计师开始着手搭建个性化的官方网站，以此作为自我展示与品牌推广的又一重要阵地。多样化的平台与形式，为设计师们提供了更为广阔的舞台，助力他们收获更多的关注与认可，如图 3-32 所示。

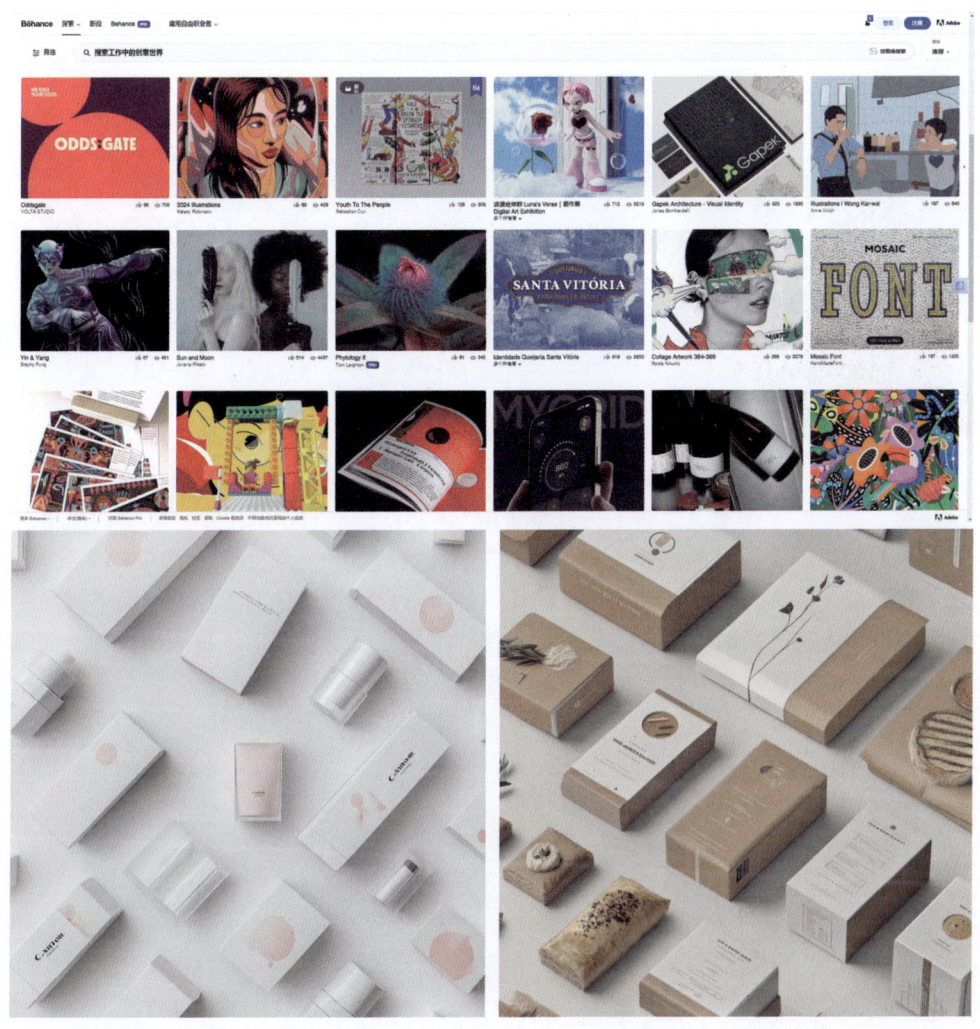

图 3-32

3. 社交媒体：打造个人品牌的核心舞台

数字化时代，社交媒体已成为个人品牌建设不可或缺的前沿阵地。从零开始构建社交媒体品牌，关键在于精准布局与持续输出。

若尚未拥有成熟设计作品，不妨先以深度调研和对最新趋势的独到见解为切入点，吸引行业目光。这不仅能展现你的专业素养，还能让你在专业领域内发声，逐步树立专业形象。随后，定期分享设计案例分析，从灵感闪现到成品呈现，这些案例如同你的数字名片，直观展现出设计思路与创作历程。

同时，积极利用社交媒体进行评论互动，与粉丝保持紧密连接。这种即时互动不仅能提升品牌曝光度，还能让你更贴近受众，洞悉其需求与反馈，进而不断调整优化。在此过程中，勇于探索并确立个人风格至关重要。

在网络空间塑造个性人设，需要勤于思考并发表观点，结合社会热点话题，提升活跃度。无须担忧不够成熟或专业，真实的人设往往比空洞的广告更具吸引力。展现你的努力、挑战与成长，让个人品牌更加立体饱满，更易引发共鸣。通过分享真实经历与成长轨迹，你将成功塑造一个可信且富有魅力的品牌形象。

■ 设计师介绍：原研哉（Kenya Hara）

原研哉（Kenya Hara），无印良品艺术总监，1958年出生于日本。他是日本中生代国际级平面设计大师，同时也是武藏野美术大学教授。其设计领域广泛，包括长野冬季奥运会开、闭幕式的节目纪念册设计，以及2005年爱知县万国博览会的文宣设计等。他的工作室业务范围涵盖海报、包装、推广项目与活动计划等整体设计工作，合作品牌包括伊势丹、味之素、竹尾花纸、米其林轮胎、华歌尔内衣及历家威士忌酒等，如图3-33所示。

原研哉是日本著名的杂志设计师、平面设计师、空间设计师、包装设计师及摄影设计师等多重身份的集大成者。1977年，他考入武藏野美术大学造型学部设计科，师从向井周太郎，学习设计学和设计符号学，毕业后在日本的大型广告公司开启了设计生涯。1991年，他创立了自己的工作室"原研哉设计事务所"，并持续不断地推出了众多简约而富有美感的作品，成为了日本设计界的重要人物之一。原研哉的设计风格被誉为"简单却不简约"，其特点在于软装饰、简洁、自然和舒适。他的作品经常以黑色和白色为主色调，追求极简主义风格，同时融入了人文主义的设计理念。例如，他的家居产品系列不仅注重实用性，更加强调视觉和感官上的享受。在家具设计中，他善于运用规则的几何形状与弧线结合的手法，呈现出完美的平衡和美感，创造出柔美、舒适且自然的家具作品，如图3-34所示。

图 3-33

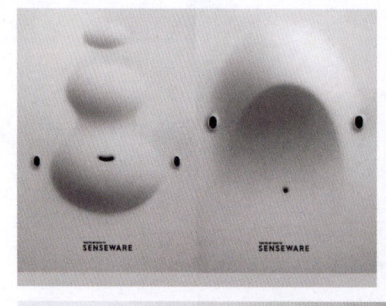

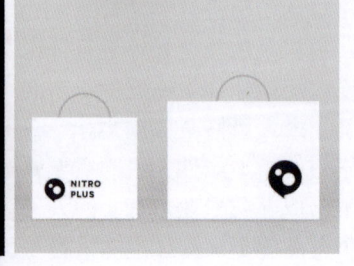

图 3-34

第4章
包装创意设计核心要素

在包装创意设计中,核心要素的选择与运用直接决定了设计作品的成败。本章将深入探讨包装创意设计的三大核心要素:包装的创意与概念构思、创意筛选与评估方法、概念深化与细化设计。

4.1 包装的创意与概念构思

创意无疑是包装设计的核心与灵魂。它如同一股不竭的动力源泉,激发着设计师的无限灵感与想象力。一个优秀的包装设计,往往离不开独特而富有新意的创意支撑。这不仅仅是对产品外观的美化,更是对产品特性、品牌理念乃至市场定位的深度挖掘与精准表达。通过巧妙的创意构思,包装设计能够瞬间吸引消费者的目光,激发其购买欲望,从而在激烈的市场竞争中脱颖而出,成为品牌传播与价值传递的重要载体,如图 4-1 所示。

4.1.1 创意激发与概念形成

创意的激发往往来源于对生活的敏锐观察和深刻理解。设计师需要通过广泛的市场调研、竞品分析及消费者洞察,捕捉市场趋势和消费者需求的变化。在此基础上,结合品牌理

图 4-1

念和文化，形成初步的设计概念。创意的激发需要设计师具备开放的思维和丰富的想象力，能够跳出传统框架，寻找新的设计角度和表达方式。

概念的形成则是一个逐步细化和完善的过程。设计师需要将初步的创意转化为具体的设计方向和目标，明确设计作品的核心价值和独特卖点。通过不断思考和讨论，形成清晰、明确的设计概念，为后续的设计工作提供指导。

■ 案例深度解析：Tomatier 品牌包装设计

设计背景：为西班牙 Nijasol 公司旗下的樱桃番茄设计高端品牌包装，打造专供家乐福的限量版产品。

- **命名逻辑**：从"番茄"Tomate 与"侍酒师"Sommelier 概念融合，传递专业番茄培育知识与产品精致度，体现对番茄品质的极致追求。
- **包装定位**：通过工艺美学提升产品高端感，在货架上形成差异化，强化天然风味与手工采摘的核心价值。

设计亮点：

1. 结构创新

- 采用可抽取式托盘与模切窗口封套，透过窗口直观展现枝栽番茄的完整形态。
- 托盘模拟番茄植株采摘场景，消费者可亲手抽取番茄，增强互动体验。

2. 视觉表达

- 主视觉为手工绘制的雕刻风格插图，描绘枝叶繁茂的番茄植株，与窗口内真实的番茄形成虚实呼应。
- 整体风格偏向自然手工艺，强调零塑料包装、全人工采摘的环保理念。

3. 可持续性

摒弃塑料托盘与 PVC 覆膜，采用可回收折叠的木浆托盘，直接以油墨印刷于材料背面，减少资源消耗。

4. 技术细节

- 材质：天然木浆纸板（无漂白处理）。
- 工艺：模切窗口 + 浮雕质感油墨。
- 色彩：以番茄红与大地棕为主色调，搭配哑光质感，凸显高级感。

此设计通过美学与功能的结合，将农产品包装提升至艺术品级，同时传递品牌对自然与消费者的双重尊重，如图 4-2 和图 4-3 所示。

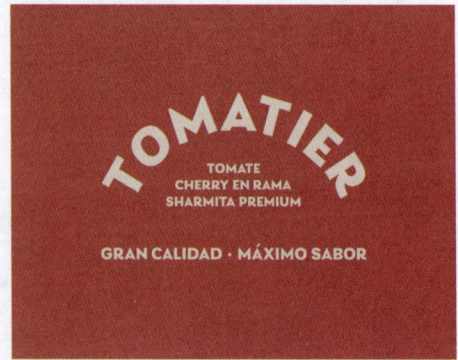

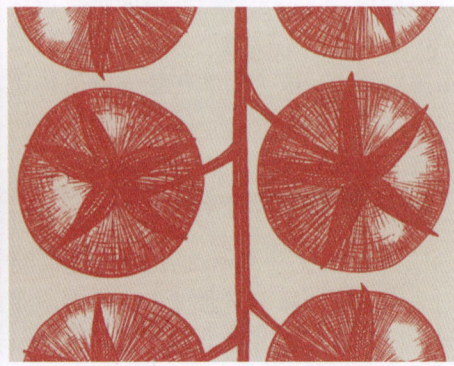

图 4-2

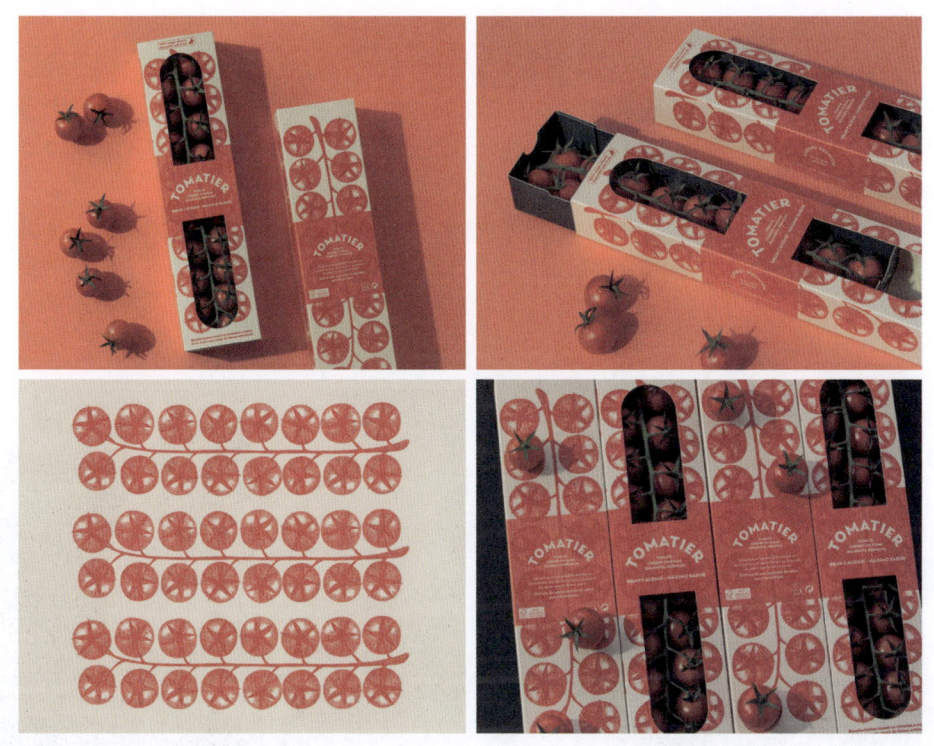

图 4-3

以下是一些有效的创意激发途径：
1. 市场调研的深入探索
市场调研不仅局限于收集数据，更重要的是理解数据背后的消费者心理和行为模式。例如，通过焦点小组讨论，设计师可以深入了解目标消费者对包装的期望、偏好，以及他们对竞争对手包装的看法。这些信息为设计师提供了宝贵的创意灵感，比如，如果消费者倾向于简约风格，设计师可以探索如何在简约中融入品牌特色，创造出既简洁又不失个性的包装设计。以韩国传统药茶品牌"茶山"为例，其包装设计从朝鲜王朝《东医宝鉴》中提取草药和龙图腾插画，结合现代几何分割构图，将古医术的"阴阳调和"理念转化为视觉符号，如图 4-4 所示。

图 4-4

2. 跨界融合的创新实践

跨界合作能够激发新的创意火花。设计师可以借鉴其他行业的成功案例，如时尚、艺术、科技等，将这些元素巧妙地融入包装设计中。例如，将 AR 技术应用于包装，消费者通过手机扫描包装上的二维码，即可观看产品的 3D 模型或了解其背后的故事，这种创新体验能够极大地提升产品的吸引力。

瑞士巧克力品牌 Läderach 以珠宝工艺为灵感，将巧克力碎片嵌入透明的亚克力包装，模拟宝石镶嵌效果。消费者开盒时需"敲碎"外层亚克力，仪式感与产品"手工精制"卖点形成呼应。此类设计启示在于：创意激发需要突破品类惯性思维，从奢侈品、建筑等领域汲取灵感，如图 4-5 所示。

图 4-5

3. 技术革新的前沿探索

随着科技的飞速发展，新材料、新工艺层出不穷。设计师应密切关注这些技术革新，探索它们在包装设计中的应用潜力。图 4-6 所示为巴尔奎拉斯零食（Barquellas Snacks）品牌的包装设计，专注于美味坚果，该品牌采用了全新的降解材料包装技术，不仅符合现代消费者对可持续发展的追求，还能为包装增添独特的质感。

图 4-6

4.1.2 创意灵感的收集与整理

创意灵感往往来源于生活中的点滴,设计师需要建立一套有效的灵感收集与整理机制,以便在需要时能够快速调用。

1. 灵感笔记的日常积累

设计师应养成记录灵感的习惯,无论是阅读、旅行还是日常观察,只要有新的想法或发现,都应立即记录下来。这些笔记可以是文字、草图或照片等形式,它们将成为后续设计的重要素材。

2. 灵感库的分类管理

为了更有效地管理和利用灵感素材,设计师可以建立一个数字化的灵感库,将不同类型的灵感进行分类存储。例如,将色彩灵感、图形灵感、文字灵感等分别建立文件夹,并在每个文件夹内进一步细分,以便快速检索和整合。图 4-7 所示为作者经常用于灵感参考的一些网站。

www.gtn9.com/

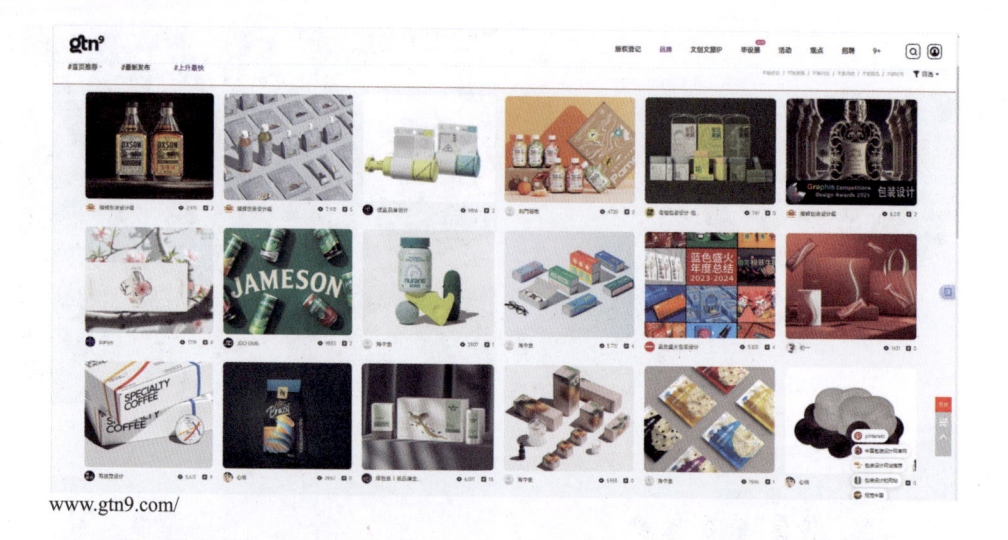

www.szthekey.com

www.midjourney.com

图 4-7

3. 团队协作的创意碰撞

团队协作能够激发更多的创意火花。设计师可以定期组织头脑风暴会议，邀请不同背景的团队成员参与，共同探索新的设计方向。在会议中，鼓励大家自由发言，不拘泥于传统思维，通过思想的碰撞来产生新的灵感。

4.1.3 概念构思的初步框架搭建

在收集到足够的创意灵感后，设计师需要着手构建概念构思的初步框架。这个框架将指导后续的设计工作，确保设计方向与目标保持一致。

1. 设计目标的明确界定

设计师首先需要明确设计目标，这通常与品牌定位、市场策略等密切相关。例如，如果品牌希望提升产品的高端形象，设计师可能需要探索如何在包装设计中融入奢华元素，如使用金色或银色的装饰线条，以及精致的图案和纹理，如图4-8所示。

图4-8

2. 设计主题的提炼与深化

从众多灵感中提炼出最具代表性的设计主题，作为整个包装设计的核心。这个主题应该能够准确地传达品牌理念，同时吸引目标消费者的注意。例如，如果品牌强调环保理念，设计师可以围绕"绿色生态"这一主题展开设计，使用可降解材料、植物图案等元素来强化这一理念，如图4-9所示。

图4-9

3. 设计元素的规划与整合

确定了设计主题后，设计师需要规划色彩、图形、文字等设计元素，确保它们在包装上的呈现效果既和谐又统一。例如，在色彩选择上，可以借鉴自然界的色彩搭配，使用清新自然的色调来营造舒适愉悦的视觉感受；在图形设计上，可以运用抽象或具象的手法来表达品牌特色或产品属性；在文字排版上，则需要注重可读性和美观性的平衡，确保信息传达的清晰准确，如图 4-10 所示。

图 4-10

■ 案例深度解析：Houseplant 品牌包装设计

设计背景： Houseplant 是一个由演员塞思·罗根（Seth Rogen）与作家/制片人埃文·戈德伯格（Evan Goldberg）等长期合作者共同创立的农作物和家居用品品牌。为了进军美国市场，该品牌决定进行全面的包装设计升级，以吸引新的目标受众，如图 4-11 所示。

图 4-11

设计理念：在精心维护品牌原有标识与符号精髓的同时，设计团队创造了一种集趣味性、怀旧情怀与现代主义精神于一体的视觉表述方式。此视觉语言不仅深刻彰显了品牌的独特个性，而且巧妙地将品牌的历史底蕴与现代元素交织融合，为品牌赋予了焕然一新的生命力。为了生动展现品牌的活力四射与多元面貌，设计团队精心策划，采纳了"更为鲜活生动的调色盘与更加璀璨的色调"。这些色彩选择不仅精准对应了 Houseplant 旗下丰富多样的农作物系列，例如，活力四射的橙色象征着生机勃勃的作物系列，温馨宜人的粉红色则映射出居家系列的柔和暖意，而青柠绿则巧妙地代表着创新前沿的产品线——还巧妙地融入了 20 世纪 70 年代的复古韵味与现代设计的革新，使得品牌形象跃然眼前，层次丰富且鲜明，更加引人入胜。

4.2 创意筛选与评估方法

初步框架搭建完成后，设计师需要对所有创意进行筛选，以确保最终方案既符合市场需求又具有创新性。

4.2.1 创意筛选的标准设定

以下是一些筛选标准：

1. 市场适应性评估

设计师需要评估创意是否符合目标消费者的审美偏好和购买习惯。这可以通过市场调研、消费者访谈等方式进行。例如，如果目标消费者倾向于简约风格，那么过于繁复或华丽的包装设计可能就不符合市场需求，如图 4-12 所示。

图 4-12

2. 创新性评估

设计师需要判断创意是否具有新颖性、独特性和差异性。这可以通过与竞争对手的包装设计进行对比分析来实现。例如，如果市场上大多数同类产品都采用相似的包装设计风格，那么设计师就需要探索新的设计方向，以区别于竞争对手并吸引消费者的注意，如图 4-13 所示。

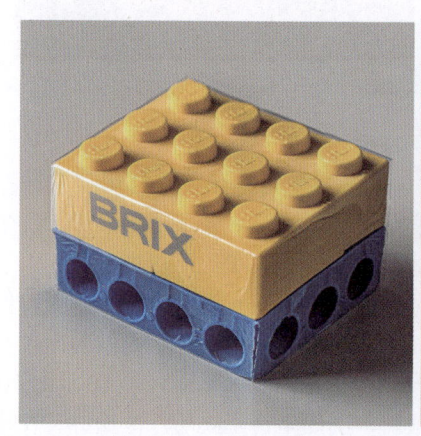

图 4-13

3. 可行性评估

设计师还需要考虑创意的可行性，包括成本、技术、生产等方面的限制。例如，如果某个创意需要使用昂贵的材料或复杂的生产工艺，那么它可能就不符合企业的成本预算或生产要求。

■ 案例深度解析：Glenlivet 品牌包装设计

设计背景：格兰威特 Glenlivet 是诞生于苏格兰的威士忌品牌，至今已有长达两个世纪的悠久历史。设计公司全程参与了品牌策略构建、概念梳理及包装设计，确保每一只酒瓶都能成为收藏家珍爱的艺术品，如图 4-14 所示。

图 4-14

设计理念：这款格兰威特名酒不仅在制作工艺上追求极致，更以高端雕刻玻璃的细腻技法与金属装饰的奢华选材而闻名于世。品牌精心打造的"十二元素系列"威士忌，精准定位超高端酒品与收藏市场，意在以现代视角重新诠释并传承威士忌古老酿造工艺的精髓与魅力。2024年2月，该系列在拍卖会上大放异彩，以令人瞠目的43000美元高价成交，这一壮举不仅验证了其难以估量的珍稀程度，更彰显了格兰威特在高端烈酒领域的非凡影响力与卓越地位。

4.2.2 定量评估与定性评估结合

为了更准确地评估创意的优劣，设计师需要采用定量与定性相结合的评估方法。

1. 定量评估方法

定量评估主要通过数据收集和分析来进行。例如，设计师可以设计一份问卷调查表，向目标消费者收集他们对不同创意方案的反馈意见。通过对问卷数据的统计分析，设计师可以了解消费者对创意的喜好程度、购买意愿等信息，从而为后续的筛选工作提供依据。图 4-15 所示为一份用于创意方案反馈的问卷调查表。

创意方案反馈问卷调查表		
分类	问题/选项	填写方式
基本信息		
年龄范围	□18岁以下 □19-25岁 □26-35岁 □36-45岁 □46-55岁 □56岁以上	单选
性别	□男 □女 □不愿透露	单选
职业	_____	填空
目前居住的城市类型	□一线城市 □二线城市 □三线及以下城市 □乡村/郊区	单选
创意方案认知与评价		
首次了解方案的渠道	□社交媒体 □朋友/家人推荐 □网络广告 □线下活动 □其他：_____	多选（可补充）
最感兴趣的三个方案	1. 方案A：_____ 2. 方案B：_____ 3. 方案C：_____	排序（可补充方案D/E/其他）
吸引点	□设计新颖 □实用性高 □价格合理 □环保理念 □情感共鸣 □其他：_____	多选（可补充）
不感兴趣的原因	□设计不够吸引人 □实用性不强 □价格过高 □不符合需求 □已知类似产品 □其他：_____	多选（可补充）
改进建议与期望		
改进建议	方案名称：_____ 改进建议：_____	填空
未来期望的创意类型	_____	开放填空
参与意愿与联系方式		
是否参与后续测试	□是（请填写）邮箱：_____ 手机（可选）：_____ □否	单选（填空）
其他意见/建议		开放填空

图 4-15

2. 定性评估方法

定性评估则依赖于设计师的专业判断和经验积累。设计师可以对每个创意方案进行逐一分析，评估它们在创意性、美观性、实用性等方面的表现。例如，设计师可以邀请同行或专家进行评审打分，或者通过内部讨论达成共识。这种方法虽然主观性较强，但能够深入挖掘创意方案的内在价值。

4.2.3 创意优化与调整策略

根据评估结果，设计师需要对创意进行优化和调整。以下是一些优化策略：

1. 强化创意亮点

对于评估结果较好的创意方案，设计师可以进一步强化其亮点部分，使其更加突出和吸引人。例如，如果某个创意方案的图形设计特别出色，设计师可以加大图形的尺寸或增加其动态效果来增强视觉冲击力，如图4-16所示。

图 4-16

2. 弥补不足之处

对于评估结果较差的创意方案,设计师需要找出其不足之处并进行改进。例如,如果某个创意方案在色彩搭配上不够和谐或文字排版不够清晰,设计师可以重新调整色彩搭配方案或优化文字排版布局来改善这些问题,如图 4-17 所示。

图 4-17

3. 平衡各方需求

在优化创意方案时,设计师还需要考虑平衡市场需求、品牌形象和成本预算等要求。例如,如果某个创意方案虽然很有创意但成本过高或不符合品牌形象定位,设计师就需要在保持创意性的同时进行调整,以满足企业的实际需求。

■ 案例深度解析:MERMAID 美人鱼金酒包装设计

设计背景:近期英国市场上出现了一股"金酒热",涌现了数不清的金酒品牌,竞争相当激烈。MERMAID 美人鱼金酒希望通过改进包装设计跻身高档酒吧,成为名列前茅的高端烈酒品牌。JDO 设计公司在分析了各种材质等设计方案后,确定了最终包装效果,如图 4-18 所示。

图 4-18

设计理念：策略团队将美人鱼的品牌理念细化为几个概念：暮光、野性力量、缥缈的魔法、幻觉艺术、从深海打捞起的珍宝。狂野的想象力进一步释放，再经过精雕细琢，最终设计出仿佛艺术品一般的瓶形。无论是品牌团队还是设计师都十分确信，这款酒瓶一旦被打造出来，将会使美人鱼金酒一鸣惊人。

4.3 概念深化与细化设计

在概念深化这一至关重要的阶段，设计师必须更加全面且深入地挖掘和分析目标消费者的具体需求、期望及偏好。这包括但不限于了解他们的生活方式、购买行为、审美倾向，以及对于产品或服务功能的期望等，以便能够精准地把握市场动态，设计出更加贴合消费者心声的产品或方案，从而在激烈的市场竞争中脱颖而出。

4.3.1 概念深化过程中的用户洞察

在概念深化阶段，设计师洞察并获取用户信息的方法如下：

1. 用户访谈的深入交流

设计师可以通过一对一访谈的形式与目标消费者进行深入交流。在访谈中，设计师可以询问消费者对包装的期望、使用场景，以及他们对现有包装的改进建议等信息。这些信息有助于设计师更好地理解消费者的需求和偏好，并为后续的设计提供指导。

■ **案例深度解析：可口可乐包装设计**

设计背景：可口可乐瓶子的设计历史可以追溯到 19 世纪末。1906 年，可口可乐公司开始大量使用雕刻有可口可乐浮雕商标的琥珀色直身瓶。然而，这种瓶子在视觉上并不突出，容易被模仿，如图 4-19 所示。

设计理念：可口可乐瓶子的流线型设计不仅美观大方，还符合人体工程学原理。这种设计使得瓶子易于抓握和携带，提高了用户体验。醒目的红色瓶盖与瓶身形成鲜明对比，增强了视觉冲击力。这种设计使得可口可乐瓶子在货架上更加引人注目，有助于提升销量。贯穿瓶身的飘带形象给人一种轻盈感，起伏波动的模样像水面在晃动一样。虽然设计简洁，但却给了人们很多的遐想空间。

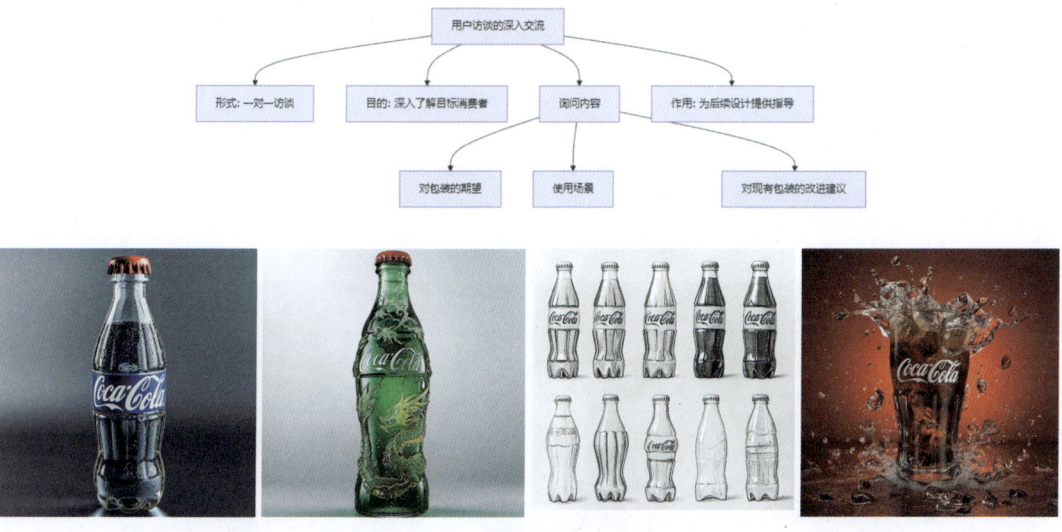

图 4-19

2. 用户观察的直接体验

设计师还可以通过观察目标消费者在日常生活中的行为习惯来获取用户洞察。例如，设计师可以跟随消费者进入超市或商场，观察他们如何挑选商品，以及他们对不同包装的反应。这种直接观察的方式能够让设计师更加直观地了解消费者的购买决策过程，以及他们对包装的偏好，如图 4-20 所示。

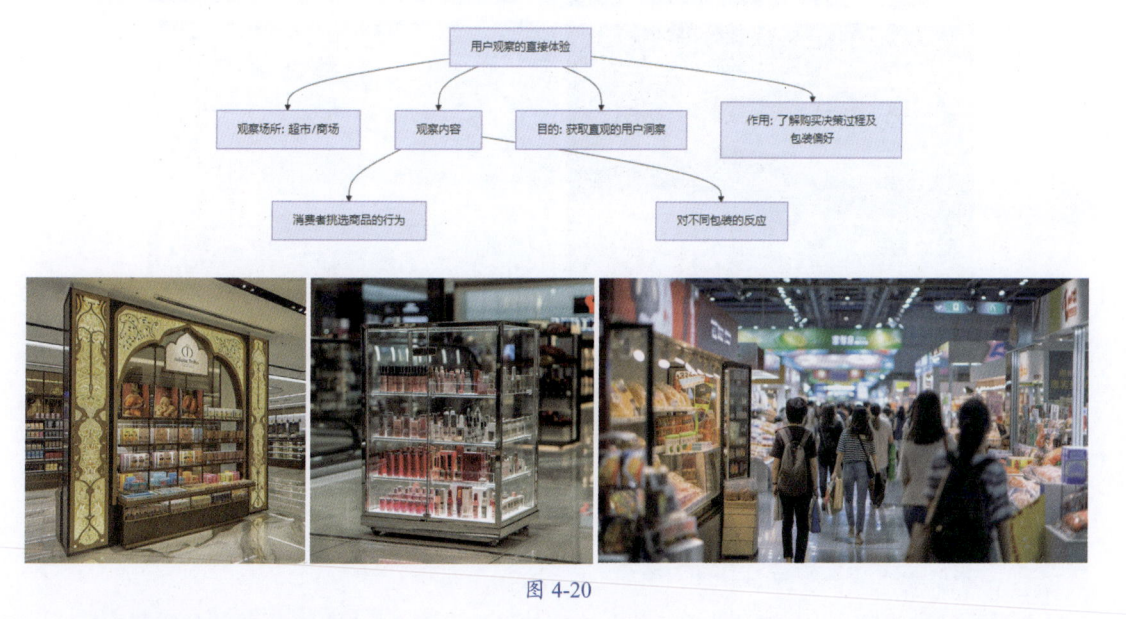

图 4-20

3. 用户画像的构建与分析

基于访谈和观察结果，设计师可以构建目标消费者的用户画像。用户画像包括消费者的年龄、性别、职业、兴趣爱好等信息，以及他们对包装的期望和需求等内容。通过分析用户画像，设计师可以更准确地把握目标消费者的特征和需求，从而为后续的设计提供有力支持，如图 4-21 所示。

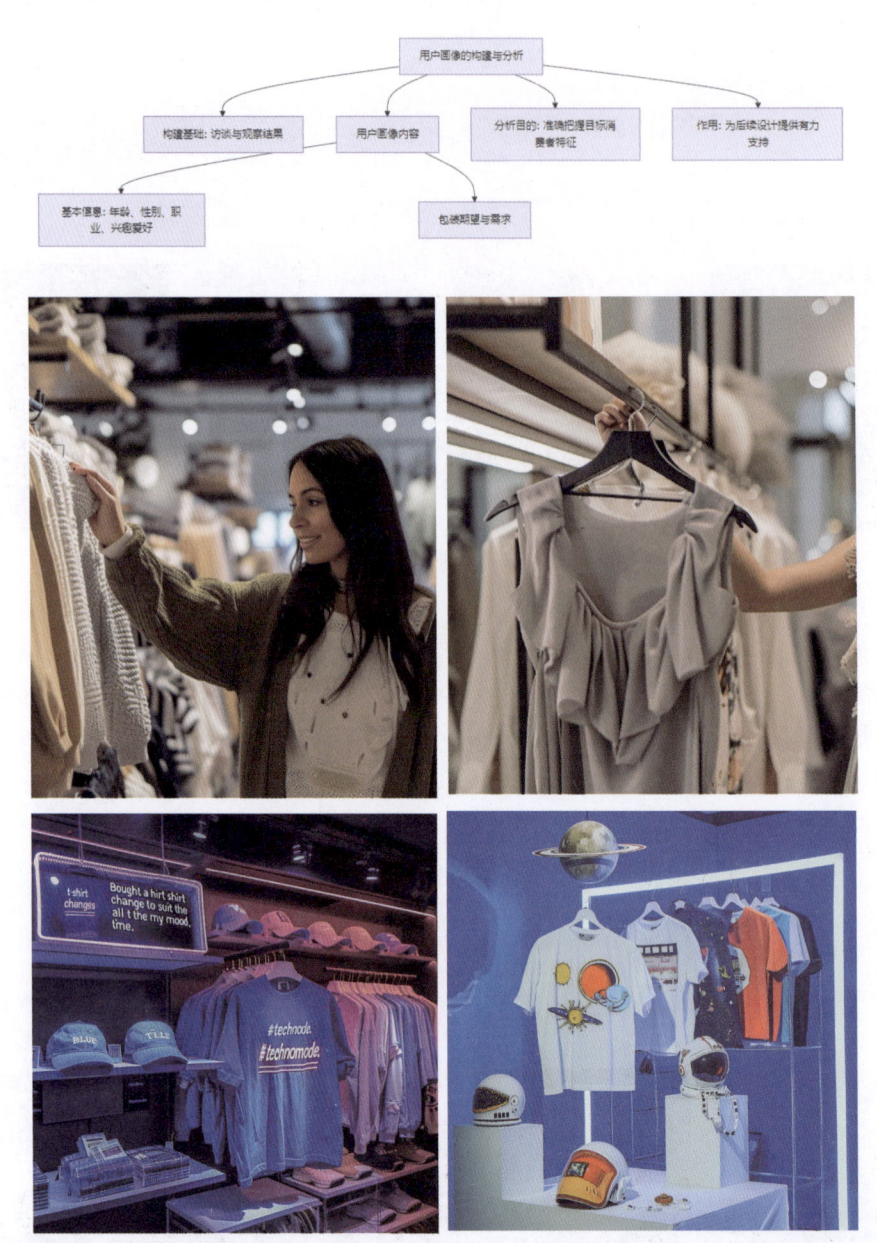

图 4-21

4.3.2 细化设计的关键环节把控

细化设计是将概念构思转化为具体设计方案的过程。在这个过程中,设计师需要把控好以下几个关键环节:

1. 设计元素的细化处理

设计师需要对色彩、图形、文字等设计元素进行细化处理,以确保它们在包装上的呈现效果符合预期。例如,在色彩选择上需要考虑到不同光照条件下的色彩表现,以及色彩搭配的整体协调性;在图形设计上需要注重图形的细节处理和整体美感;在文字排版上则需要确保文字的可读性和美观性的平衡，如图 4-22 所示。

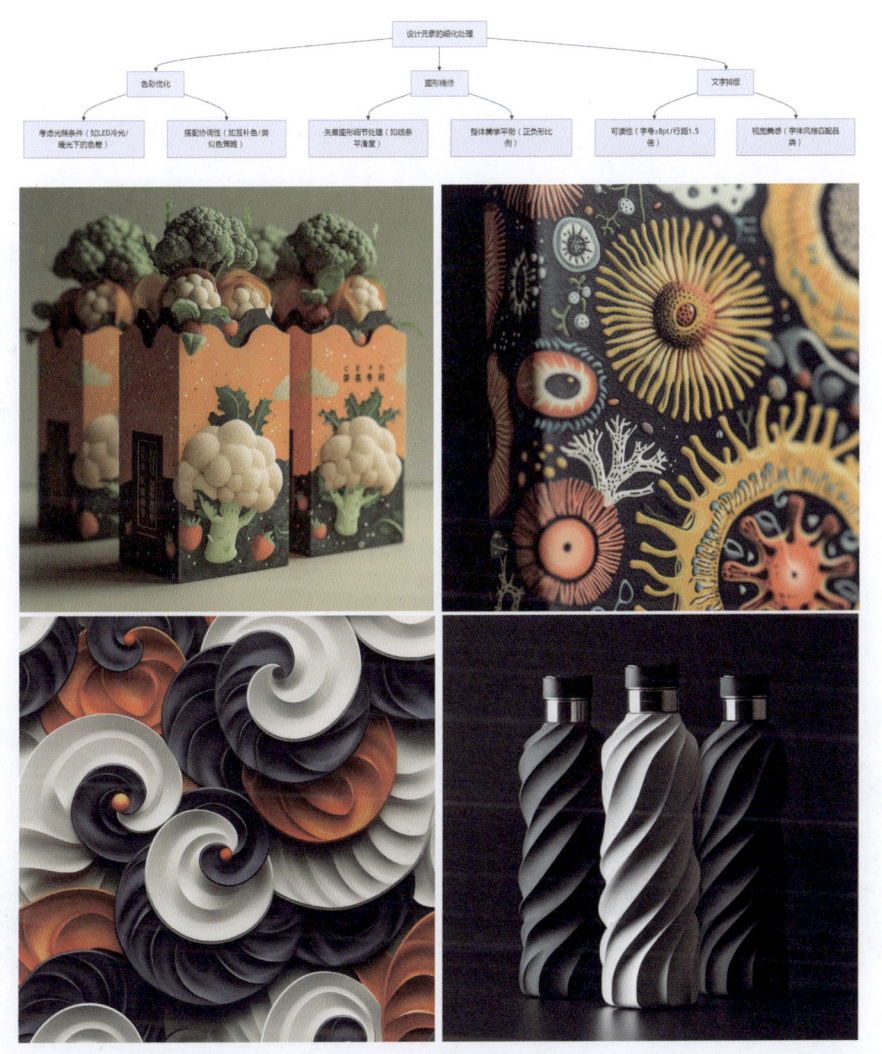

图 4-22

2. 结构布局的优化调整

包装的结构布局对于产品的展示效果和用户体验至关重要。设计师需要根据产品的特点和目标消费者的需求，对包装的结构布局进行优化调整。例如，对于易碎或需要特殊保护的产品，设计师可以采用加强结构的设计方案来提高包装的稳固性和保护性；对于需要展示内部产品特点的产品，设计师则可以采用透明或半透明的包装设计来增强产品的可视化效果，如图 4-23 所示。

3. 细节设计的精心打磨

细节决定成败。在细化设计过程中，设计师需要注重细节设计的精心打磨。例如，在包装的边缘处理上可以采用圆润或斜切的设计来增强包装的舒适感和手感；在包装的开口设计上可以采用易于开启且不易损坏的设计来提高用户体验；在包装的印刷工艺上可以采用高质量的印刷技术来确保图案和文字的清晰度与色彩饱和度等。这些细节设计虽然看似微不足道，但却能够极大地提升包装的整体品质和用户体验，如图 4-24 所示。

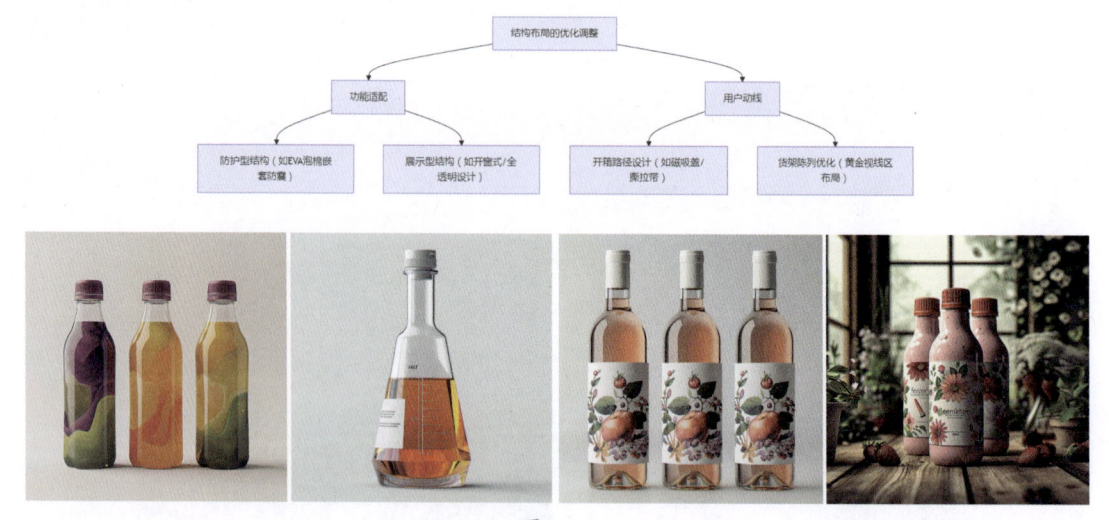

图 4-23

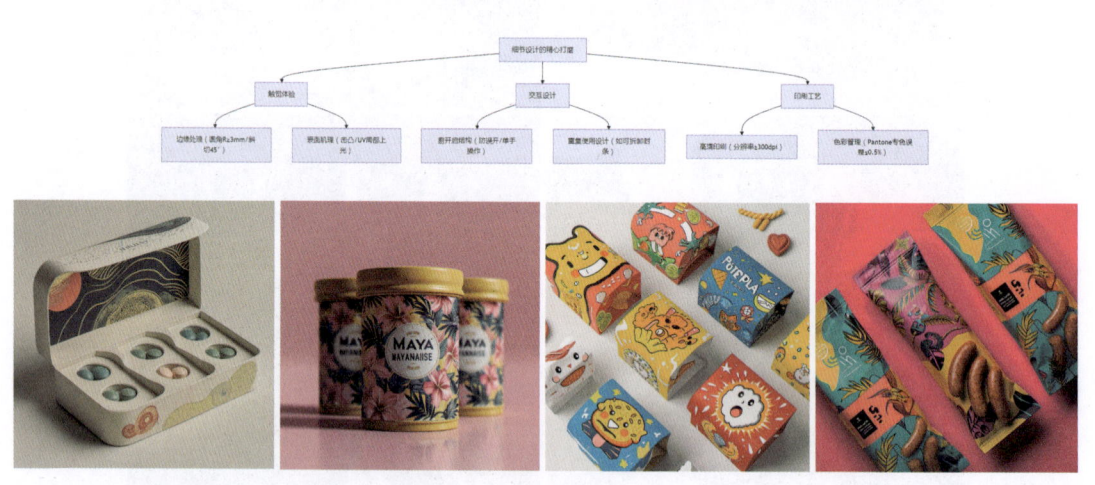

图 4-24

第5章
图形设计与标准字应用

在包装创意设计领域，图形创意以其直观、生动的特点，成为了传递信息和艺术表达的重要手段。它不仅仅是简单的图形拼接，更是设计师智慧与情感的结晶，是文化与时代精神的载体。下面我们将学习图形创意的多种表现形式、标准字的选择与排版应用，以及图形与文字的组合设计方法，揭示它们在包装设计中的独特魅力。

5.1 图形创意的概念

在人们日常接触的商品包装上，图形元素无处不在，它们以多种形式呈现，从简约的涂鸦到匠心独运的创意设计，无不以独特的方式巧妙地传递着商品信息并彰显美感。然而，深入探究，图形究竟是什么？它在包装设计中如何微妙地作用于人们对商品的认知与感受呢？

图形，这一概念通常涵盖由线条、点、曲线及各种形状所精心编织的视觉标识，它们既可以是平面的二维展现，也可以通过立体构造展现出三维的魅力。在严谨的数学与物理学范畴内，图形被视为对空间维度中形状与尺度的精准抽象。而在艺术与设计领域，图形则更多地承载着美学追求与创意灵感的火花，成为连接设计师与消费者情感的桥梁，如图 5-1 所示。

图 5-1

5.2 图形的分类

图形可以分为几何图形、抽象图形、实物图形和符号图形四大类,下面分别进行介绍。

5.2.1 几何图形

几何图形是数学几何学中的基本概念,它是由点、线、面等基本元素按照一定的规则组合而成的图形,如图5-2所示。这些图形可以是简单的,如点、线段、三角形;也可以是复杂的,如多边形、圆、椭圆等。几何图形不仅在数学领域内有广泛的应用,它们还贯穿于人们的日常生活,从建筑设计到艺术作品,从工程技术到自然界的形态,几何图形无处不在。

图 5-2

5.2.2 抽象图形

抽象图形,顾名思义,是指那些不直接模仿或复制自然界中具体事物的图形,如图5-3和图5-4所示。它们通常由几何形状、不规则线条、色块等元素构成,旨在表达情感、概念或视觉美感,而非具体的物体形象。抽象图形最大的特点是其开放性和解构性,它们不受现实世界的限制,给予了创作者极大的自由度。

图 5-3

图 5-4

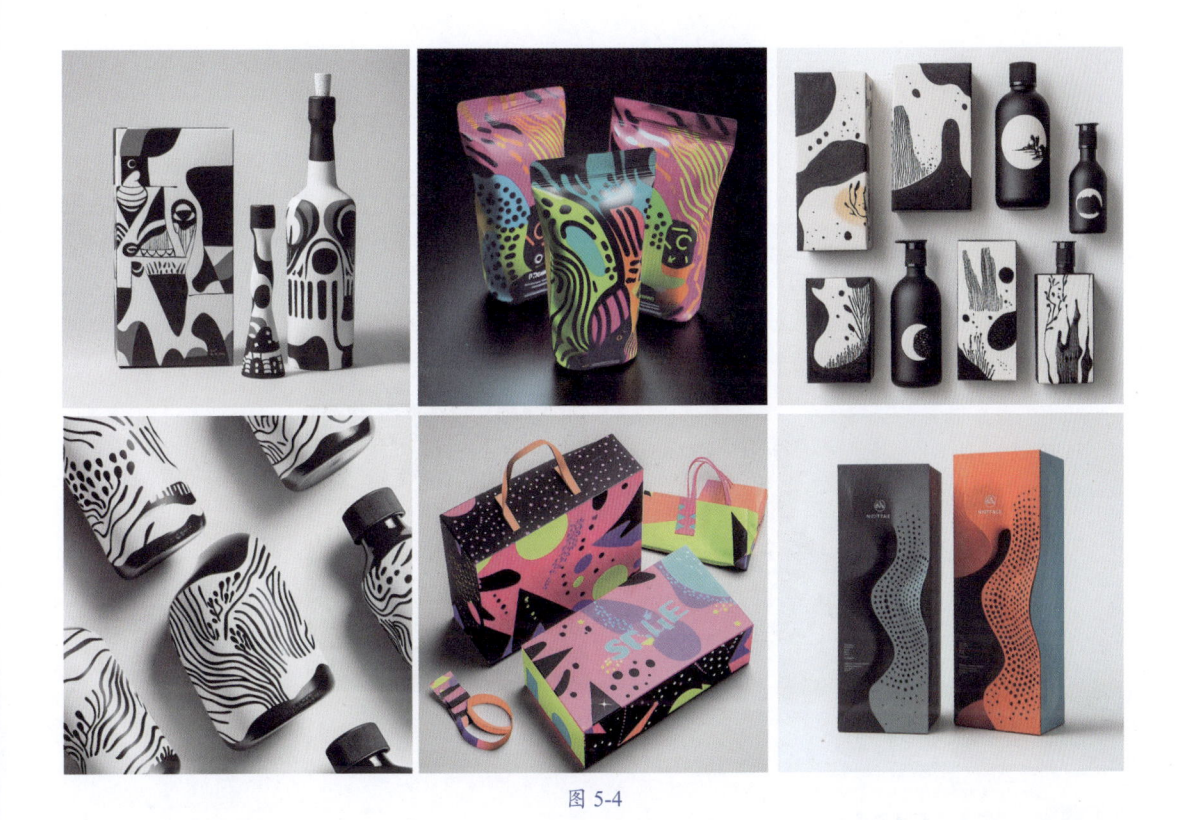

5.2.3 实物图形

实物图形是指那些直接来源于现实世界中的物体的图像，如图 5-5 所示。它们可以是照片、绘画、雕塑或者任何形式的艺术再现，其核心特征是忠实于原物体的形状、结构和细节。实物图形不同于抽象图形，后者更多地依赖于创作者的想象力和创造力，而不是现实世界的具体参照。实物图形的最大特点是真实性和直观性，它们能够准确地反映出物体的外观特征，为观众提供即时的视觉信息。这种图形通常具有较高的辨识度，因为它们直接对应于人们日常生活中熟悉的物体。此外，实物图形往往能够激发观众的情感共鸣，因为它们能够触及到人们对现实世界的记忆和经验。

图 5-5

5.2.4 符号图形

符号图形，简而言之，是一种通过视觉元素来代表或指代某种特定意义的图形，如图 5-6 所示。它们可以是简单的几何形状（如圆形、方形、三角形等），也可以是复杂的抽象图形，甚至是文字和图像的结合体。符号图形的核心在于其象征性和普遍性，它们能够超越语言的限制，传达共通的概念或情感。符号图形是人类智慧的结晶，它们以简洁的形式传递复杂的信息，是人们生活中不可或缺的一部分。了解符号图形的本质，不仅能够帮助人们更好地解读世界，还能够激发设计师在设计和沟通上的创造力。在符号图形的世界里，每一个形状、每一种颜色都有其独特的语言，等待着人们去探索和解读。

图 5-6

5.3 图形的创意与创新

理解图形的创意与创新，意味着深入探讨设计师如何在有限的空间内创造出无限的可能性，以及他们如何通过新颖的视角和技术手段来刷新人们对世界的认知。

5.3.1 图形创意的本质

图形创意是指在设计过程中，通过对图形元素的重新组合、变形或重新解释，创造出具有新颖性和吸引力的视觉作品。这种创意往往源于对日常生活的观察、文化背景的理解，以及对艺术历史的吸收。设计师通过对色彩、形状、纹理和空间的敏感运用，将抽象的概念转化为具体的视觉表达，如图 5-7 所示。

图 5-7

5.3.2 创新的重要性

在图形设计领域,创新是推动行业发展的核心动力。它不仅体现在使用最新的设计软件和技术上,更重要的是思维模式的突破。创新意味着打破常规,不满足于传统的设计规范,敢于用前所未有的方法来解决问题。这种思维方式鼓励设计师跳出舒适区,探索未知的领域,从而产生独特的设计方案,如图 5-8 所示。

图 5-8

5.3.3 创意与创新的结合

图形设计的创意与创新往往是相辅相成的。创意提供了原始的想法和概念,而创新则是将这些想法变为现实的手段。一个成功的图形设计作品往往能够在这两者之间找到完美的平衡点。设计师需要不断地学习新的设计理念和技术,同时也要保持好奇心和开放性,这样才能不断地推陈出新,创作出让人耳目一新的作品,如图 5-9 和图 5-10 所示。

图 5-9

图 5-10

为了更好地理解图形的创意与创新，可以分析一些著名的设计案例。例如，苹果公司的 Logo 设计就是一个经典的例子。它的简洁线条和独特的咬痕不仅体现了产品的现代性，也传达了品牌的理念。这样的设计之所以成功，是因为它既具有创意的独特性，又通过创新的设计手法实现了视觉上的冲击力，如图 5-11 所示。

图 5-11

图形的创意与创新是设计领域中不断进化的双翼。它们推动着设计师超越传统界限，探索新的视觉语言。理解这一过程，不仅能够帮助人们欣赏那些令人惊叹的设计作品，也能够激发自身创造美的能力和热情。在这个充满可能性的时代，让我们期待更多的创意与创新，共同绘制出更加丰富多彩的图形世界。

5.4 图形联想法

在众多创意方法中，联想法是一种独特而强大的工具，它能够激发设计师的想象力，将看似平凡的元素转化为令人惊叹的视觉盛宴。

5.4.1 图形联想法的定义与原理

联想法是一种基于人类心理反应和思维模式的创意技巧。它依赖于人们大脑中自然形成的联想机制，即当看到一个图形或元素时，会不由自主地想到与之相关的事物。设计师通过有意识地利用这种机制，可以将一个概念、形状或符号与另一个看似不相关的对象联系起来，创造出新颖而有趣的图形创意，如图 5-12 所示。

图 5-12

5.4.2 图形联想法的类型

联想法可以分为几种类型,包括直接联想、间接联想、情感联想和概念联想。

1. 直接联想

这是最直观的联想方式,例如,看到火的形状联想到热情或危险。

2. 间接联想

需要更多的思考和转换,比如,将曲线联想到柔和的音乐旋律。

3. 情感联想

这是基于情绪反应的联想,比如,将某种颜色与特定的情感体验联系起来。

4. 概念联想

涉及更深层次的思考,例如,将抽象的概念(如自由)与具体的图形(如飞鸟)相联系。
图 5-13 所示为一些联想图。

图 5-13

5.4.3 图形联想法的应用

在图形设计中应用联想法，可以遵循以下几个步骤：

1. 研究与观察

深入了解目标受众的兴趣、文化背景和心理特点，是市场营销、产品设计、内容创作等多个领域中至关重要的环节。这一过程涉及对目标群体全方位、多层次的研究与分析，旨在精准把握其内在需求与外在表现，从而制定出更加贴合、高效的策略，如图 5-14 所示。

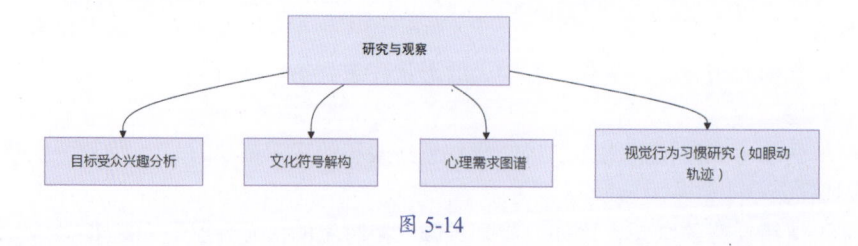

图 5-14

2. 思维导图

使用思维导图来探索和扩展与主题相关的各种概念和图像，是一种高效且直观的思维工具，它能够帮助个人或团队系统地组织信息、激发创意并深化对主题的理解，如图 5-15 所示。

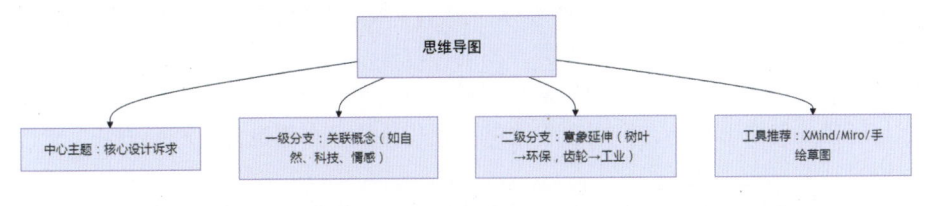

图 5-15

以下是如何运用这一方法的详细步骤：

（1）确定中心主题：在思维导图的中心位置明确写下想要探索的主题词或关键词。这个中心节点是整个思维过程的起点，所有相关的概念和图像都将围绕它展开。

（2）辐射式添加分支：从中心主题出发，根据初步联想到的关键概念或子主题，画出第一条主分支。每个主分支代表与中心主题直接相关的一个大类或方面。例如，如果中心主题是"环保"，那么主分支可以是"减少塑料使用""可再生能源""生态保护"等。

（3）细化与扩展：针对每个主分支，进一步细化，添加次级分支，这些次级分支是主分支下更具体的概念、策略、事实或图像。继续这一过程，根据需要添加更多层次的分支，形成一棵枝繁叶茂的"思维树"。例如，在"减少塑料使用"这一主分支下，次级分支可以是"使用可重复使用的购物袋""推广生物降解材料""公众教育运动"等。

（4）使用图像和符号增强记忆：思维导图的一个强大之处在于它能够结合文字与图像，帮助记忆和理解。在每个节点旁边或内部，可以绘制与概念相关的简单图标、符号或插图，这不仅使思维导图更加生动有趣，也能有效提升信息的吸收和回忆效率。

（5）自由联想与创意激发：思维导图的灵活性鼓励自由联想，不拘泥于既定框架。在构建过程中，不妨允许思维跳跃，将任何与主题相关的、哪怕是看似不直接相关的想法记录下来，这些边缘思想往往能激发新的创意和解决方案。

（6）回顾与调整：完成初步构建后，回顾整个思维导图，检查是否有遗漏的关键点，或是否需要调整分支间的逻辑关系。思维导图是一个动态过程，随着对主题理解的深入，可以不断修订和完善。

通过这种方法，不仅能够系统地探索主题的深度和广度，还能有效促进团队间的沟通与协作，共同构建出全面且富有洞察力的知识体系。

3. 创意融合

将不同的元素、概念和情感融合在一起，创造出独特的图形语言，是一项既富有挑战性又极具创造性的艺术与设计过程。这一过程不仅要求设计师具备深厚的艺术功底和敏锐的审美洞察力，还需要他们拥有跨领域的广泛知识和灵活的思维模式，如图 5-16 所示。

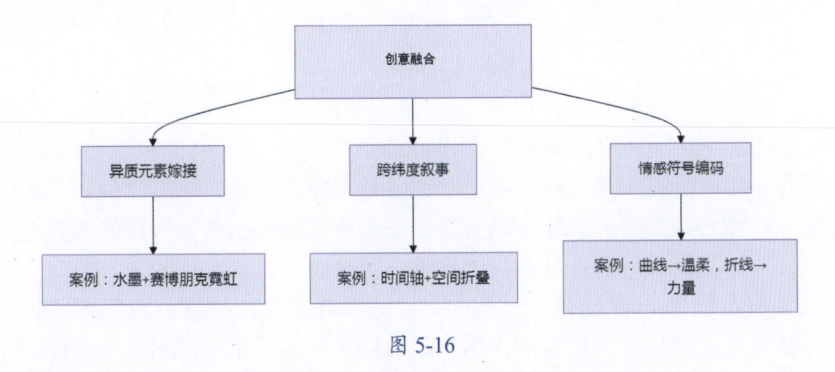

图 5-16

（1）元素的选择与融合：设计师需要从广泛的文化、自然、科技等领域中挑选出与主题相关的元素。这些元素可以是具体的形态、图案、符号，也可以是抽象的概念、理念或情感表达。关键在于如何巧妙地将这些元素融合在一起，形成和谐而富有张力的视觉效果。例如，将传统纹样与现代几何图形相结合，或者将自然景象与科技元素相融合，都能创造出既传统又前卫的图形语言。

（2）概念的提炼与表达：确定了基本元素后，设计师需要进一步提炼和表达与主题相关的核心概念。这可能需要深入挖掘文化背景、历史脉络或社会现象，以提炼出具有普遍意义或深刻内涵的主题。通过图形语言，将这些概念以直观、生动的方式呈现出来，使观众能够迅速理解并产生共鸣。例如，通过色彩、线条、形状等视觉元素，传达出"和谐共生""科技创新"或"文化传承"等概念。

（3）情感的融入与传递：图形语言不仅仅是视觉上的呈现，更是情感的传递。设计师需要将自己的情感、对主题的理解及希望激发观众的情感融入图形设计中。这可能需要运用色彩心理学、形态象征等手段，创造出能够触动人心、引发共鸣的视觉作品。例如，通过温暖的色调和柔和的线条表达温馨、舒适的氛围；或者通过冷色调和尖锐的形状传达出紧张、冲突的情感。

（4）创新与实验：在创造独特图形语言的过程中，创新与实验是必不可少的。设计师需要勇于尝试新的表现手法、技术和材料，以打破传统束缚，创造出前所未有的视觉效果。这可能需要跨领域合作、跨界融合或借鉴其他艺术形式，以拓宽设计思路，激发新的灵感。

（5）反馈与调整：设计师需要收集观众对图形语言的反馈，并根据反馈进行调整和优化。这可以通过市场调研、用户测试、专家评审等方式进行。通过不断迭代和改进，设计师可以更加精准地把握观众的需求和喜好，从而创造出更加符合市场需求的独特图形语言。

4. 反复试验

不断尝试和修改，直到找到最佳的联想组合，是艺术创作与设计过程中不可或缺的一环，它体现了对完美的不懈追求和对创意的深入挖掘。这一过程要求设计师或艺术家具备耐心、毅力和开放的心态，勇于面对失败，从每次尝试中汲取教训，从而逐步接近理想的创意表达，如图 5-17 所示。

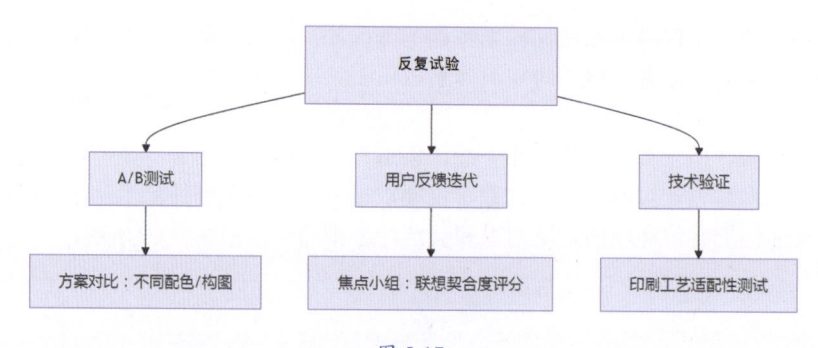

图 5-17

（1）勇于尝试：在创意的初期阶段，设计师不应受限于既定的框架或预设的想法。相反，他们应该像科学家进行实验一样，大胆尝试各种可能的元素、风格、色彩和构图方式。这种自由的探索不仅能够激发新的灵感，还有助于发现那些最初未曾预料到的创意火花。每一次尝试都是对未知的一次探索，都是对自我边界的一次挑战。

（2）细致观察与反思：在尝试的过程中，设计师需要保持敏锐的观察力，对每一次尝试的结果进行细致的审视和分析。这包括评估作品的整体效果、色彩搭配是否和谐、元素之间的关联性是否强，以及是否能够准确传达预定的情感或信息。同时，设计师还需要反思尝试过程中的得与失，思考哪些元素或方法有效，哪些需要改进或摒弃。

（3）修改与优化：基于观察和反思的结果，设计师需要对作品进行修改和优化。这可能涉及调整色彩、改变元素布局、增加或减少某些细节，或者尝试全新的创意方向。修改的过程往往伴随着多次迭代，每一次迭代都是对上一次尝试的完善和提升。关键在于，设计师需要保持开放的心态，勇于接受并融入新的想法和反馈，不断推动作品向更加成熟和完美的方向发展。

（4）寻找最佳联想组合：经过不断尝试、观察和修改，设计师将逐渐接近那个能够完美表达预定创意和情感的最佳联想组合。这个组合可能融合了多种元素、风格和技术，以一种独特而和谐的方式呈现出作品的核心价值和吸引力。找到这个最佳组合需要设计师具备敏锐的直觉和判断力，同时也需要时间和经验的积累。

（5）持续迭代与创新：值得注意的是，即使找到了一个相对满意的联想组合，设计师也不应停止探索和创新的脚步。市场和受众的喜好是不断变化的，新的技术和趋势也在不断涌现。因此，设计师需要保持对外部环境的敏感度，持续迭代和创新，以确保作品始终保持其竞争力和吸引力。

5.5 图形对比法

图形创意中的对比法是一种强有力的视觉表达手段，它不仅能够增强设计的吸引力，还能够有效地传达信息和情感。作为一名设计师，理解并掌握对比法的应用，对于创作出具有创意和影响力的图形内容至关重要。通过巧妙地运用对比，设计师和艺术家能够让他们的视觉作品在信息的海洋中脱颖而出，与观众建立深刻的连接。

5.5.1 图形对比法的定义与作用

图形对比法是指在图形设计中通过色彩、形状、大小、纹理等元素的对立使用，以突出差异性，创造视觉焦点，如图 5-18 所示。这种方法可以增强视觉效果，引导观众的视线，凸显所设计的作品的主题和信息。对比不仅仅是视觉上的冲击，它还能够激发情感反应，使观众在心理上产生共鸣。

图 5-18

5.5.2 图形的色彩对比

色彩对比是图形创意中最直观的对比方式。通过冷暖色、互补色或明暗色的对比，设计师可以创造出戏剧性的效果。例如，明亮的红色与冷静的蓝色相对比，不仅能够吸引眼球，还能够传达出激情与平静的情感对比，如图 5-19 所示。色彩对比的使用需要细致的规划，以确保信息的清晰传达而不是混乱。

图 5-19

5.5.3　图形形状与大小的对比

除了色彩，形状和大小的对比也是图形创意中的重要元素。圆形与方形的对比，大尺寸元素与小尺寸元素的搭配，都能够创造出动态和节奏感，如图 5-20 所示。这种对比不仅增加了视觉趣味性，还能够帮助观众区分不同的信息层次，使主要信息显得更加突出。

图 5-20

5.5.4 纹理与材质的对比

纹理的对比可以增加图形设计的触感和深度感。光滑的表面与粗糙的质地相对比，可以模拟真实世界的材料属性，从而增强设计的可信度。同时，纹理的对比也能够为平面设计增添立体感，使其更具吸引力，如图 5-21 所示。

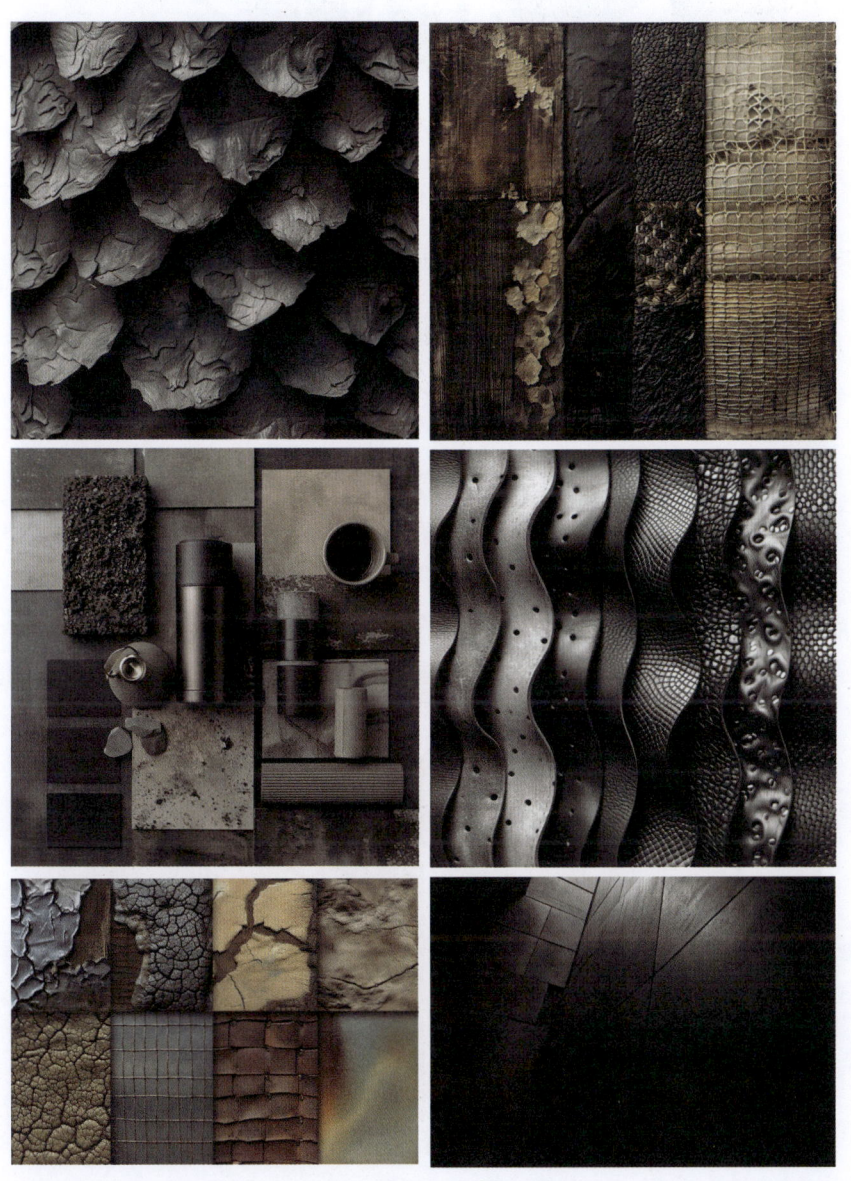

图 5-21

5.5.5 空间关系的对比

空间关系的对比涉及元素之间的排列和组合。通过对齐、对称、重复等手法，设计师可以在有限的空间内创造出秩序与和谐，或者故意打破这种秩序，制造出视觉张力。空间关系的对比不仅关乎美学，更是信息层次和阅读流程的体现，如图 5-22 所示。

图 5-22

5.6 图形夸张法

在图形设计的世界里，夸张不仅仅是一种修辞手法，还是一种强有力的视觉语言。夸张法通过故意放大或扭曲事物的特征，创造出令人难忘的图像，从而在观众心中留下深刻印象，如图 5-23 所示。

图 5-23

5.6.1 图形夸张法的定义与特点

夸张法是一种常见的艺术表现手法，它通过故意放大事物的某一特性或细节，以达到强调、讽刺或幽默的效果。在图形设计中，夸张不仅能够吸引观众的注意力，还能够强化信息的传达。夸张的特点在于它的极端性和直观性，它能够迅速引起观众的情感共鸣，使设计理念和信息更加鲜明和直接，如图 5-24 所示。

图 5-24

5.6.2 夸张法在图形创意中的应用

图形创意中的夸张法是一种能够增强视觉效果、提升信息传递效率的重要手法。它通过放大事物的特性，创造出独特的视觉语言，让观众在惊叹中领会设计的深层含义。夸张法的成功运用，不仅能够丰富图形设计的表现力，还能够激发观众的情感共鸣，使设计作品在激烈的市场竞争中脱颖而出，如图 5-25 所示。

图 5-25

1. 强调重点

设计师通过夸张某一元素的大小、形状或颜色，可以有效地突出设计的重点，使观众立刻注意到最关键的信息。

2. 创造幽默
适度的夸张可以产生幽默感，为设计增添趣味性，使信息传递变得更加轻松愉快。
3. 引发思考
夸张的形象往往超越现实，激发观众的想象力，引导他们进行深层次的思考。
4. 强化记忆
夸张的图形因其独特性而容易被记住，有助于提高品牌或产品的辨识度。

5.6.3 夸张法的设计原则

虽然夸张法在图形创意中具有广泛的应用，但在使用时也需要遵循一定的原则。
1. 目的性
夸张应服务于设计的主题和目标，避免由于无目的的夸张而导致信息混淆。
2. 适度性
夸张的程度需要控制，过度夸张可能会引起误解或反感。
3. 创造性
夸张应富有创意和新颖性，避免陈词滥调的夸张形式。
4. 文化敏感性
在不同的文化背景下，夸张的接受度和解读可能不同，设计师需要考虑文化差异。

夸张法是图形创意中的一种强大工具，它能够以非常规的方式放大视觉表达的效果。通过巧妙地运用夸张，设计师不仅能够吸引观众的目光，还能够深化信息的内涵，使设计作品更具影响力和传播力。然而，夸张法的使用需要谨慎，它要求设计师具备敏锐的观察力、丰富的想象力和深厚的文化底蕴，以确保夸张的合理性和有效性，如图 5-26 所示。

图 5-26

5.7 标准字选择与排版规范

下面来学习一个品牌的标准字体设计和对包装设计的整体效果的排版要求。

5.7.1 标准字体的风格匹配原则

标准字体的选择对于包装设计的整体效果至关重要。设计师需要根据品牌的定位和产品的特点来选择最合适的字体风格。

字体是品牌设计中的另一个基本元素，它通过文字的形式传递信息。合适的字体选择能够增强品牌的可读性和识别度，同时也能够体现品牌的个性。字体选择应该考虑易读性、适用性，以及与品牌形象的契合度，如图 5-27 所示。

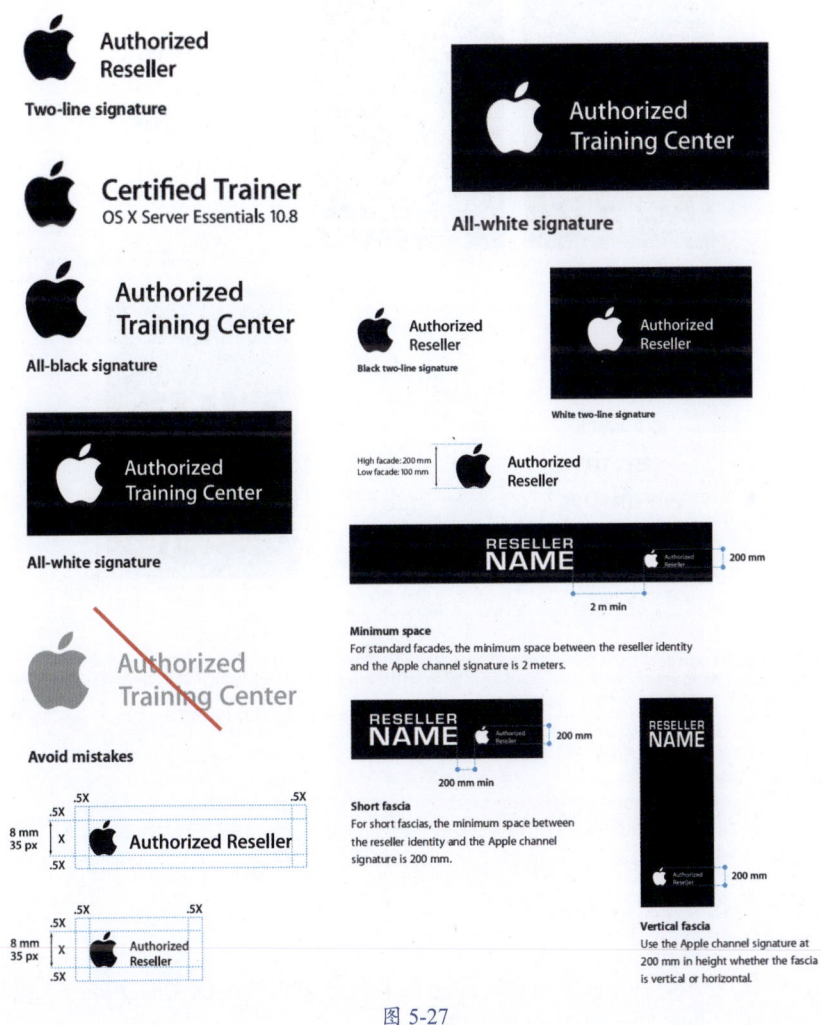

图 5-27

■ **案例深度解析：星巴克（Starbucks）字体设计**

设计背景：在星巴克的品牌设计中，字体设计扮演了至关重要的角色。品牌通过其独特的字体风格传达了其核心价值观和品牌特性，同时也增强了品牌的可识别性，如图 5-28 所示。

图 5-28

设计理念：星巴克使用的字体称为"Sodo Sang"，这是一种专为星巴克设计的定制字体。这种字体有着类似手写的温暖和流畅性，与品牌友好、轻松的氛围相契合。该字体在标识、菜单板、广告及包装上广泛使用，确保了一致的品牌形象。

1. 强调信息

字体大小、粗细和颜色的运用可以突出重要的信息或产品特性。例如，新产品或特别促销可能会使用更大的字体或加粗来吸引顾客的注意力。在菜单设计中，不同层次的字体大小可以帮助顾客快速区分不同类型的饮品。

2. 情感连接

字体设计不仅仅是文字的视觉表现，还包含了情感交流。星巴克的字体给人温馨、亲切的感觉，这有助于建立顾客与品牌之间的情感联系。

3. 文化表达

通过字体设计，星巴克还传达了其对咖啡文化的尊重和对原产地的承诺。例如，在一些特殊场合或节日活动中，星巴克会适当调整其字体设计，以融入特定的文化元素。

4. 市场营销

字体也是品牌营销策略的一部分。在不同的市场和地区，星巴克可能会对其字体进行微调，以适应当地语言和文化的特点。

5. 一致性与变化

尽管保持品牌一致性非常重要，但星巴克也会根据不同的广告活动和季节变化适度地调整字体的使用，以保持品牌的新鲜感和相关性。

字体设计是星巴克品牌策略的核心组成部分，它帮助公司在全球范围内建立了一个连贯且易于识别的品牌形象。通过精心设计的字体，星巴克成功地传达了其品牌理念，并在消费者心中留下了深刻印象，如图5-29所示。

图 5-29

5.7.2 排版布局的平衡与美感追求

排版布局是包装设计中不可或缺的一环。设计师需要注重排版布局的平衡和美感追求，以确保信息的清晰可读性和视觉层次感的构建。可以通过调整文字的大小、间距和排列方式来优化排版布局。

■ 案例深度解析：苹果（Apple）公司的文件排版设计

设计背景：苹果（Apple）公司的文件设计是品牌设计中核心的元素，它是品牌识别的载体。在为一款电子产品设计包装时，设计师需要确保产品名称、型号和规格等关键信息的清晰可读性。他们可以使用较大的字体来突出产品名称，并使用适当的间距和排列方式来增强视觉

081

层次感。通过这样的设计，消费者可以更容易地获取所需信息，并感受到包装的整洁和美观，如图 5-30 所示。

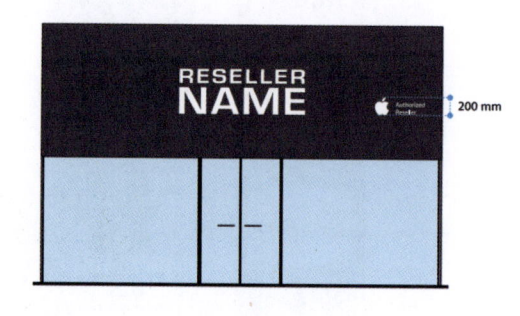

图 5-30

设计理念：版式布局关注的是如何将品牌设计的各个元素有机地组合在一起，以便在不同的媒介上呈现出最佳的视觉效果。良好的版式设计能够引导观众的视线，突出重点信息，同时也能够保持品牌信息的一致性和连贯性。

■ 案例深度解析：苹果（Apple）公司的图文排版设计

设计背景：在平面设计风格上，苹果倡导大面积留白，这不仅体现了文案的精简，也给予了产品图片和文案充足的视觉延展空间，带来干净、空旷的视觉感，从而提升产品的整体气质，如图 5-31 所示。

设计理念：苹果公司的字体排版风格和 VIS 设计项目背景都体现了其追求极简主义、现代感和创新性的设计理念。这些设计理念不仅塑造了苹果公司独特的品牌形象，也为其在市场竞争中赢得了广泛的认可和忠诚度。

图 5-31

5.7.3 可读性与视觉层次的构建

可读性是排版布局中需要重点考虑的因素之一。设计师需要确保包装上的文字信息能够清晰地被消费者识别和阅读。同时，还需要注重视觉层次的构建，通过调整文字的大小、颜色和字体等属性来增强信息的层次感和可读性。

■ **案例深度解析：苹果（Apple）公司的颜色设计**

设计背景：苹果公司的标志是品牌设计中最为核心的元素，它是品牌识别的直接载体。一个好的标志应该简洁明了、易于识别，同时还能够传达出品牌的精神和文化。标志设计需要考虑到色彩、形状、字体等多个方面，以确保在不同的媒介和尺寸下都能保持辨识度和一致性，如图 5-32 所示。

图 5-32

色彩在品牌设计中扮演着至关重要的角色，它不仅能够吸引消费者的注意，还能够激发情感反应，传递品牌的行业属性和文化内涵。色彩策略需要根据品牌的定位选择合适的主色调和辅助色调，形成一个和谐统一的色彩体系，如图 5-33 所示。

图 5-33

5.8 图形与文字的组合设计

图形与文字的组合设计是包装设计中至关重要的环节。为了确保整体视觉效果的和谐统一，设计师需要注重图形与文字之间的视觉协调，包括色彩、形态、空间等多个方面的协调处理。

5.8.1 图形与文字的视觉协调

在色彩方面，设计师需要确保图形与文字的色彩搭配既对比鲜明又和谐统一。可以使用相近色系或对比色系来营造不同的视觉效果，但无论选择哪种配色方案，都需要确保整体色调的协调和统一。

在形态方面，设计师需要注重图形与文字之间的形态呼应和互补。可以通过调整图形的线条、形状和轮廓来与文字的笔画、结构和风格相协调。同时，设计师还需要考虑图形与文字之间的空间关系，确保它们在视觉上既不过分拥挤也不显得空旷。

■ 案例深度解析：星巴克（Starbucks）品牌和包装设计

设计背景：星巴克（Starbucks）是一家起源于美国的全球知名连锁咖啡品牌，自1971年成立以来，已发展成为全球最大的咖啡连锁企业之一。这家享誉国际的咖啡巨头的总部位于美国华盛顿州的西雅图市。在其旗下，顾客可以享受到超过30种精选的世界级咖啡豆、匠心独具的手工调制浓缩咖啡，以及多样化的冷热咖啡饮品。此外，星巴克还提供新鲜出炉、令人垂涎的糕点和一系列食品，以及琳琅满目的咖啡机、咖啡杯等相关商品，为全球消费者带来了无尽的味觉享受和优雅的生活方式，如图5-34所示。

设计理念：星巴克的设计不仅仅是为了美观，更与其品牌文化紧密相连。品牌的核心价值观——关怀、品质和创新，都通过店内设计表现出来。图5-35所示为星巴克的标志设计演变。

图 5-34

图 5-35

在星巴克的设计中，颜色的使用是传达品牌信息和吸引消费者注意的重要手段。颜色不仅能影响人们的情绪和感受，还能反映季节趋势和文化背景。一定程度上讲，人们享受的不是星巴克的咖啡，而是星巴克文化。人需要独处，但还希望四周有人陪伴，星巴克就是打造了这样一种空间。它提供的是奢华的体验、身心的愉悦、社会的归属感和安全的避风港。这是星巴克宣传的文化理念，同样，星巴克的包装设计也是对其文化的表现和传达，如图 5-36 所示。

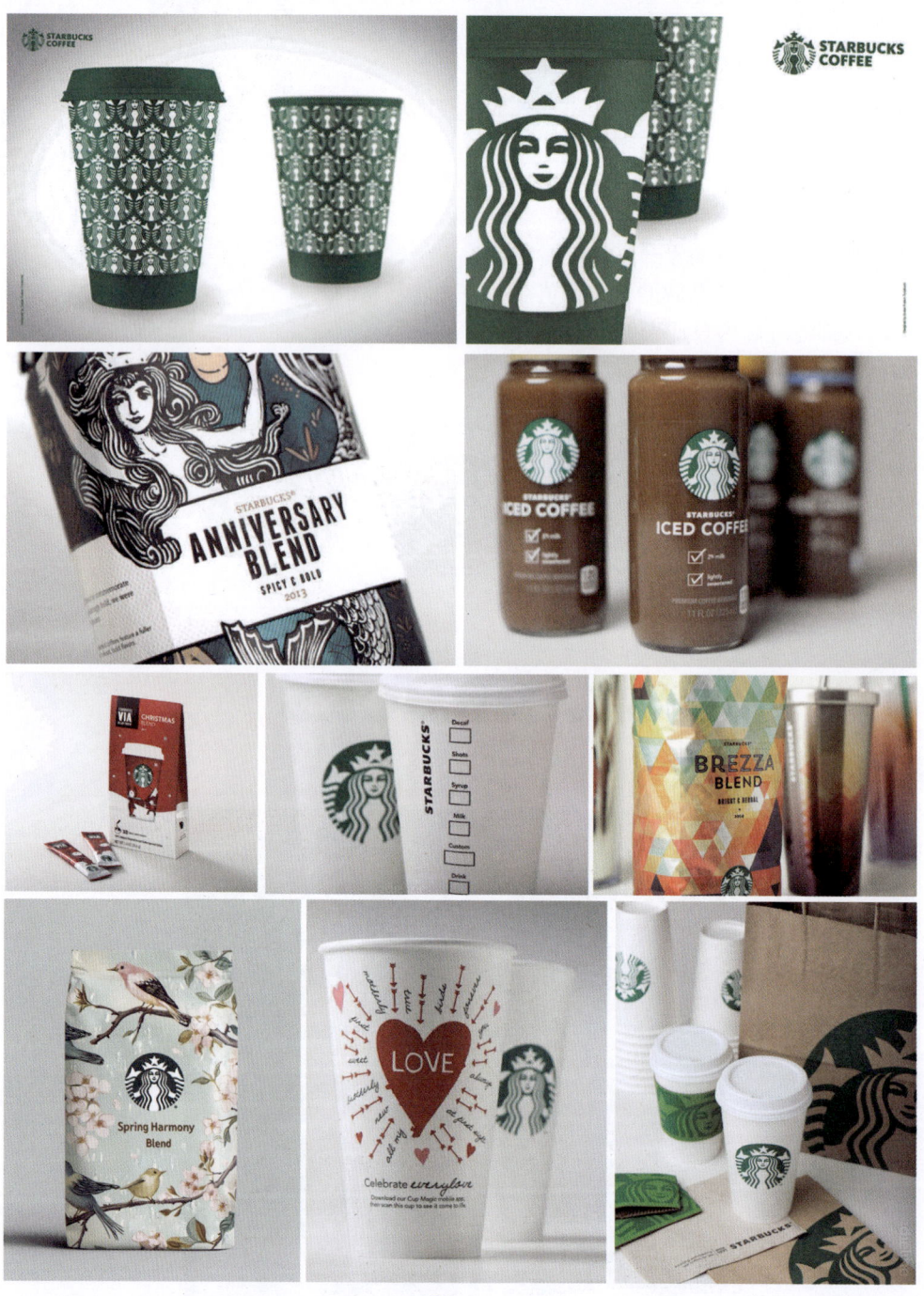

图 5-36

5.8.2　信息传递的逻辑与层次

图形与文字的组合设计不仅需要注重视觉协调,还需要考虑信息传递的逻辑与层次。设计师需要根据产品的特点和目标受众的需求来合理安排图形与文字的信息布局和层次结构。

在信息布局方面,设计师需要确保关键信息的突出和易读性。可以使用较大的字体、醒目的颜色或特殊的图形元素来突出产品名称、品牌标识等关键信息。同时,设计师还需要合理安排其他辅助信息的位置和大小,以确保整体信息布局的清晰和有序。

在层次结构方面,设计师需要注重图形与文字之间的层次感和空间感。可以通过调整图形与文字的前后关系、大小比例和重叠方式来营造不同的层次效果。同时,设计师还可以利用色彩、阴影和高光等手法来增强图形的立体感和空间感,使整体设计更加生动和吸引人。

■ 案例深度解析：Nebula 10 饮料品牌包装设计

设计背景：Nebula 10 是一个源自德国柏林的有机饮料品牌,自创立之初便以"欣赏另类文化"为核心理念,致力于吸引那些追求独特生活方式的消费者。为了在众多竞争对手中脱颖而出,Nebula 10 的创始人决定与柏林知名设计工作室 Carla Palette 携手,共同打造品牌独特的标识与包装,如图 5-37 所示。

图 5-37

设计理念：在设计团队看来,Nebula 10 的品牌形象应该与其核心理念紧密相连,既要体现出品牌的独特性,又要能够吸引目标受众的注意。因此,设计师决定以杂志设计和时尚文化为灵感,通过大胆的图形解决方案来展现品牌的另类魅力。

第6章
色彩设计与情感传达

色彩不仅能够吸引视觉注意力,还承载着品牌理念与产品特性,是建立产品与消费者之间情感联系的重要桥梁。本章将详细解析不同色彩对消费者心理的影响因素,介绍色彩搭配的原则与技巧,并辅以实际案例,指导设计师如何运用色彩语言精准传达产品信息,提升品牌形象,从而在激烈的市场竞争中脱颖而出。

6.1 色彩战略系统的构建

色彩战略系统构建是包装设计中不可或缺的一环。为了塑造独特的品牌形象,增强产品的市场竞争力,设计师需要建立一套完整的品牌色彩体系。

6.1.1 品牌色彩体系的建立

在建立品牌色彩体系时,设计师需要深入了解品牌的定位、文化和价值观等方面。他们可以通过市场调研、竞品分析和消费者洞察等手段来获取相关信息,并据此确定品牌的主色调和辅助色调。主色调通常与品牌的核心理念和形象紧密相联,而辅助色调则用于增强整体色彩的丰富性和层次感。

同时,设计师还需要考虑品牌色彩在不同媒介和场景下的应用效果。可以通过制作色彩样板、进行色彩测试和评估等手段来确保品牌色彩在不同条件下的稳定性和一致性,如图 6-1 所示。

第 6 章 色彩设计与情感传达

图 6-1

6.1.2 目标受众色彩偏好的分析

了解目标受众的色彩偏好对于制定有效的色彩战略至关重要。设计师需要通过市场调研、消费者访谈和数据分析等手段来了解目标受众对色彩的喜好和态度。

在分析目标受众的色彩偏好时，设计师需要关注不同年龄、性别、地域和文化背景等因素对色彩偏好的影响。可以通过对比不同受众群体的色彩偏好来发现共性和差异，并据此制定更加精准的色彩战略。对于年轻女性受众群体，设计师可以选择鲜艳、柔和或具有女性特质的色彩来增强产品的吸引力和亲和力；而对于男性受众群体，则可以选择更加稳重、简洁或具有力量感的色彩来突出产品的品质和阳刚之气。

■ 案例深度解析：TeeMaa 饮料品牌包装设计

设计背景：TeeMaa 由热爱北欧文化的中国茶道爱好者于 2012 年代初创立。十年间，他们不仅将北欧的简约与中国茶道的深邃相结合，更在赫尔辛基这片土地上扎下了根。为了进一步提升品牌辨识度，特意邀请设计公司为 TeeMaa 打造独特的视觉标识，如图 6-2 所示。

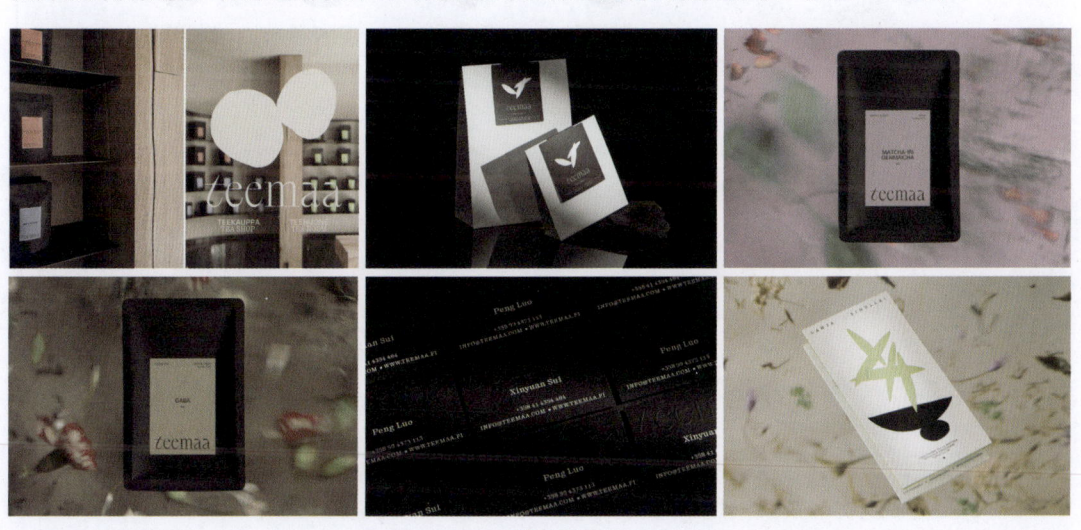

图 6-2

设计理念：设计师在设计 TeeMaa 品牌形象时，考虑到受众群体的因素，注重传达品牌的世俗诚实感与触觉感。通过巧妙的排版和低调的构图方式，将茶室的有机形式、原材料和空间元素融入图形系统中，体现了 TeeMaa 的质量与成熟度。

6.1.3 色彩战略与市场竞争的关联

色彩战略不仅与品牌形象和目标受众紧密相联，还与市场竞争密切相联。设计师需要密切关注竞品的色彩战略和市场趋势，以便及时调整和优化自身的色彩体系。

在分析竞品色彩战略时，设计师可以关注竞品的色彩搭配、主色调选择、辅助色调运用等方面。通过对比和分析竞品的色彩战略，设计师可以发现其优势和不足，并据此制定更加具有竞争力的色彩方案。

同时，设计师还需要关注市场趋势和消费者需求的变化。随着时代的发展和消费者审美的提高，色彩战略也需要不断更新和升级。设计师可以通过参加行业展会、关注时尚潮流和设计趋势等手段来获取最新的色彩信息和灵感，并将其融入自身的色彩战略中。

■ 世界四大色彩趋势预测机构

色彩流行趋势是包装设计中不可忽视的重要因素。设计师需要密切关注时尚潮流和设计趋势，以便及时把握色彩流行的最新动态并将其融入自身设计中。这些机构通过严谨的科学研究和对流行趋势的敏锐洞察，为时尚、设计、家居等领域提供了宝贵的色彩指导，对全球流行文化产生了深远影响，如图6-3所示。

图 6-3

1. 潘通色彩研究所（Pantone Color Institute）

- 地位：全球知名的色彩权威机构，以其独特的色彩编号系统（Pantone Matching System，PMS）闻名于世。
- 影响力：每年发布的年度流行色报告都会对时尚、设计、家居等领域产生巨大影响，是全球消费市场的重要风向标。
- 特点：通过色彩分析，传递出关于时代精神和文化趋势的深刻见解。

2. WGSN（World Global Style Network）

- 地位：全球知名的时尚趋势预测公司。
- 影响力：其流行色预测报告在业界享有盛誉，涵盖时尚、美容、家居等多个领域，为企业提供宝贵的决策依据。
- 特点：以大量的数据分析为基础，精准捕捉市场趋势和消费者需求。

3. 日本流行色协会（JAFCA）

- 地位：日本领先的色彩预测机构。
- 影响力：致力于研究和发布日本的流行色趋势，对日本本土文化有深刻洞察。

- 特点：其流行色预测严谨科学，反映了日本消费者的审美偏好和市场趋势。
4. 中国流行色协会
- 地位：中国色彩领域的权威机构。
- 影响力：致力于推动中国色彩文化的繁荣发展，其发布的流行色报告对中国市场具有指导意义。
- 特点：反映了中国消费者的审美偏好，为中国企业开拓国际市场提供助力。

6.2 色彩搭配原则与技巧

色彩搭配原则与技巧是设计领域中不可或缺的一环，旨在通过合理的色彩组合创造出和谐、美观且富有表现力的视觉效果。色彩搭配的基本原则包括色彩对比与和谐、色彩的比例与分布，以及色彩的情感表达等。在色彩搭配技巧上，设计师需掌握色彩的冷暖属性、明度与纯度的调节，以及如何利用色彩心理学引导观众的情绪与联想。通过巧妙运用邻近色、对比色或互补色的搭配，可以营造出不同的氛围与风格，从而增强设计的吸引力和信息的传达效率。

6.2.1 色彩对比与和谐的运用

色彩对比与和谐是色彩搭配中的基本原则。设计师需要灵活运用这些原则来营造不同的视觉效果和情感氛围。

色彩对比可以通过使用对比强烈的色彩组合来实现。例如，冷暖色调的对比、明暗对比、纯度对比等都可以产生强烈的视觉效果。设计师可以根据产品的特点和目标受众的需求来选择合适的对比方式，以增强包装的吸引力和冲击力。

色彩和谐则需要注重色彩之间的协调和统一。设计师可以通过使用同类色系或邻近色调的色彩组合来营造和谐、舒适的视觉效果。同时，设计师还可以通过调整色彩的明度、纯度和饱和度等属性来增强整体色彩的层次感和丰富性。

■ 包装设计的对比色调案例

对比色是指在色轮上相对的颜色，它们之间存在明显的差异，可以产生强烈的视觉冲击力。例如，红色与绿色、蓝色与橙色等都是典型的对比色。在设计中，使用对比色可以增加画面的活力和张力，吸引观众的注意力，如图6-4所示。

图 6-4

■ 包装设计的和谐色调案例

色彩的和谐则是指在色轮上相邻的颜色，它们之间的过渡平滑，给人一种和谐统一的感觉。和谐色的搭配可以使画面显得柔和、舒适，常用于营造宁静、温馨的氛围，如图6-5所示。

图 6-5

6.2.2 色彩面积与比例的调控

色彩面积与比例的调控对整体色彩效果而言至关重要。设计师需要根据包装的形状、大小和布局来合理安排色彩的比例和分布。

在色彩面积的调控方面，设计师需要注重主色调和辅助色调的平衡和协调。主色调通常占据较大的面积，用于营造整体氛围，突出品牌形象；而辅助色调则用于增强色彩层次感和丰富性，但不宜过多或过于突出。

在色彩比例的调控方面，设计师需要注重色彩之间的比例关系和层次感。可以通过调整不同色彩之间的面积比例来营造不同的视觉效果和情感氛围。例如，在强调产品的某一特点或属性时，设计师可以适当增加相关色彩的比例来突出其重要性；而在营造整体和谐氛围时，则需要注重色彩之间的平衡和协调。

■ 色彩面积小的包装设计案例

当色彩面积较小时，设计策略需要更加精细和巧妙，以确保包装既简洁又引人注目。在色彩的选择上，应选择高饱和度的色彩，如鲜艳的红、蓝、绿等，这些色彩即使在面积较小时也能产生强烈的视觉冲击力。此外，还要考虑品牌色彩，确保包装设计与品牌形象保持一致，如图 6-6 所示。

图 6-6

6.3 色彩与情感的关联分析

在包装设计中，色彩与情感的关联至关重要。小面积色彩的选择和运用不仅能够吸引消费者的注意力，还能在潜意识中触发特定的情感反应。例如，温暖的色调（如橙色和黄色）能够传递出活力、乐观的情感，适合用于年轻、活力的产品包装；而冷静的蓝色和绿色则给人以平静、放松的感觉，更适合用于健康、自然或科技类产品。通过精心挑选与产品特性相匹配的色彩，并在包装设计中巧妙运用，可以增强消费者对产品的情感连接，从而提升品牌形象和产品吸引力。因此，在包装设计中，理解并善用色彩与情感的关联，是创造具有情感共鸣和市场竞争力的包装作品的关键。

6.3.1 色彩引发的情感共鸣机制

色彩在视觉艺术中扮演着至关重要的角色，它不仅能够影响人的感知，还能激发特定的情感反应。色彩引发的情感共鸣机制主要基于人类对色彩的心理反应和生理反应。不同的色彩能够触发大脑中的不同区域，产生相应的情绪体验。例如，红色常被视为激情、力量和危险的象征，能够激发兴奋、紧张或警惕的情感；而蓝色则给人以平静、理智和信任的感觉，常用于营造宁静、专业的氛围。

设计师在运用色彩时，需要深入理解色彩与情感之间的内在联系，通过巧妙的色彩搭配来激发目标受众的共鸣，从而增强包装设计的吸引力和影响力，如图 6-7 所示。

图 6-7

6.3.2 不同色彩的情感传达特性

不同的色彩具有各自独特的情感传达特性，这些特性在包装设计中发挥着至关重要的作用。以下是对几种常见色彩的情感传达特性的简要分析。

■ **案例解析：红色包装设计情感**

红色是一种极具冲击力的色彩，象征着热情、活力、爱情和力量。在包装设计中，红色常被用于吸引消费者的注意力，尤其是针对年轻、冲动型消费者。同时，红色也常与节日、庆典和促销等活动相关联，能够营造出欢乐、庆祝的氛围。然而，红色也可能引发紧张或焦虑的情绪，因此，在使用时需要谨慎考虑产品的目标受众和市场定位，如图 6-8 和图 6-9 所示。

第 6 章 色彩设计与情感传达

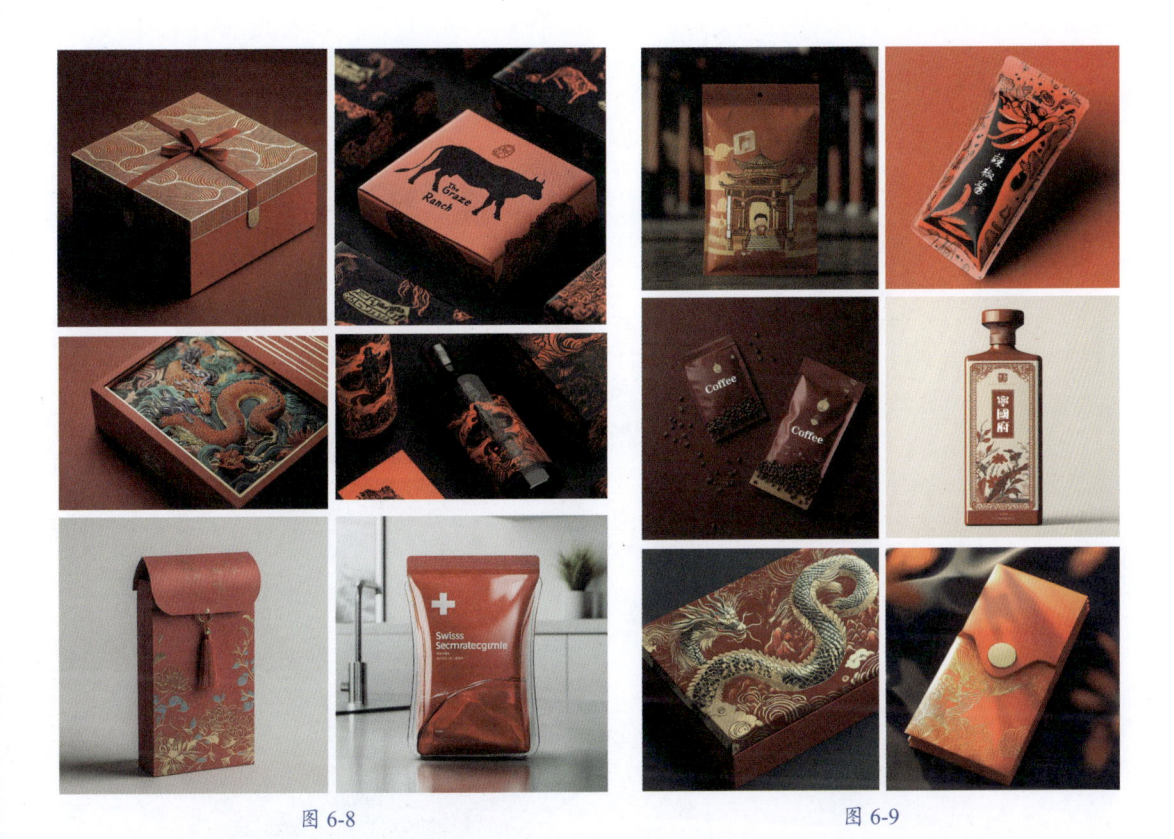

图 6-8

图 6-9

■ 案例解析：蓝色包装设计情感

　　蓝色给人以平静、理智和信任的感觉，象征着宁静、清新和广阔，适合用于健康、自然或科技类产品的包装设计。蓝色能够传达出产品的可靠性和专业性，增强消费者对品牌的信任感。此外，蓝色还具有降低心率和血压的生理效应，有助于消费者在购买过程中保持冷静和理性，如图 6-10 和图 6-11 所示。

图 6-10

095

图 6-11

■ 案例解析：黄色包装设计情感

  黄色是一种明亮、欢快的色彩，象征着阳光、快乐和希望。在包装设计中，黄色常被用于吸引消费者的注意力，并营造出轻松、愉悦的氛围。黄色还能够激发人们的食欲和购买欲望，适用于食品、饮料等消费品的包装设计。然而，过多的黄色也可能引发焦虑或不安的情绪，因此，在使用时需要适量搭配其他色彩，如图 6-12 和图 6-13 所示。

图 6-12　　　　　　　　　　　　　　　　图 6-13

■ 案例解析：绿色包装设计情感

绿色代表着生命、健康和环保，象征着清新、自然和成长，适合用于健康食品、有机产品等注重环保和健康的包装设计。绿色能够传达出产品的天然、无害和可持续的特性，增强消费者对产品的信任感和购买意愿。此外，绿色还具有平衡身心、缓解压力的作用，有助于提升消费者的购物体验，如图 6-14 和图 6-15 所示。

图 6-14

图 6-15

■ 案例解析：紫色包装设计情感

紫色是一种神秘、优雅的色彩，象征着奢华、高贵和创造力。在包装设计中，紫色常被用于高端、奢华或创意类产品的包装设计，以营造出独特的品牌氛围和形象。紫色能够激发人们的想象力和创造力，适合用于艺术、时尚或设计类产品的包装。然而，紫色也可能给人带来冷漠或高傲的印象，因此，在使用时需要结合产品的特性和目标受众进行综合考虑，如图 6-16 和图 6-17 所示。

图 6-16   图 6-17

■ 案例解析：棕色包装设计情感

　　棕色包装设计常常传达出自然、稳重和传统的情感，象征着大地、温暖和可靠性，适合用于食品、饮料、家居用品等注重自然、舒适和传统的产品。棕色包装能够营造出一种亲切而温暖的品牌形象，使产品显得更加亲切、可靠。同时，棕色还能够与绿色、黄色等自然色彩搭配使用，进一步强调产品的自然属性和健康理念，如图6-18和图6-19所示。

图6-18

图 6-19

■ 案例解析：金属色包装设计情感

  金属色在包装设计中常常传达出奢华、现代和未来感，象征着财富、高品质和独特性，能够迅速吸引消费者的目光，并营造出一种高端、精致的品牌形象。此外，金属色的光泽效果还能够增加产品的视觉层次感和立体感，使包装更加醒目、吸引人。在高端化妆品、奢侈品或科技产品的包装设计中，金属色常被用来强调产品的价值感和独特性，如图 6-20 和图 6-21 所示。

图 6-20

图 6-21

■ 案例解析：黑色包装设计情感

黑色包装设计常常传达出稳重、神秘和高端的情感，象征着力量、权威和优雅，适合用于男性产品、高端品牌或需要展现专业性和可靠性的产品。黑色包装能够营造出一种低调而奢华的氛围，使产品显得更加精致、独特。同时，黑色还能够与金色、银色等金属色搭配使用，进一步增强产品的奢华感和品质感，如图 6-22 和图 6-23 所示。

图 6-22

图 6-23

■ 案例解析：白色包装设计情感

白色包装设计给人以简洁、纯净和清新的感觉，象征着纯洁、和平和无限可能性，适合用于女性产品、健康食品、家居用品等注重清新、自然和舒适的产品。白色包装能够营造出一种简约而高雅的品牌形象，使产品显得更加清新、宜人。同时，白色还能够与各种色彩搭配使用，创造出丰富多样的视觉效果，如图 6-24 和图 6-25 所示。

图 6-24　　　　　　　　　　图 6-25

6.3.3 色彩在包装中的情感策略应用

在包装设计中,色彩的情感策略应用主要体现在以下几个方面:

营造氛围:通过选择合适的色彩来营造特定的氛围或情境。例如,使用暖色调来营造温馨、舒适的家庭氛围;使用冷色调来营造清新、专业的科技氛围。

强调品牌个性:色彩是塑造品牌形象的重要元素之一。设计师可以通过运用独特的色彩搭配来强调品牌的个性和特点,从而增强品牌的辨识度和记忆度。

吸引目标受众:不同的色彩对不同的受众群体具有不同的吸引力。设计师需要深入了解目标受众的色彩偏好和需求,通过运用符合其喜好的色彩来吸引他们的注意力和兴趣。

传达产品信息:色彩还可以用于传达产品的特点、功能和用途等信息。例如,使用绿色来强调产品的环保属性;使用红色来突出产品的紧急或重要信息。

在实施这些情感策略时,设计师需要注重色彩的整体协调性和平衡性,避免过于突兀或混乱的色彩搭配影响整体视觉效果和品牌形象。同时,设计师还需要关注色彩在不同文化和地域背景下的差异性和敏感性,使包装设计的国际化与本土化相结合,如图 6-26 所示。

图 6-26

第7章
包装创意实施与营销

包装创意实施与制作是将设计理念转化为实际产品的关键环节。这一过程不仅要求精确执行设计概念,还涉及材料选择、工艺应用、成本控制等多个方面。而包装营销推广与案例研究则是提升品牌形象和市场竞争力的重要手段。通过对包装进行精心策划的营销推广,企业不仅能够吸引消费者的注意力,还能加深消费者对品牌的认知与记忆,进而促进产品销售。

7.1 包装创意实施策略

包装创意实施策略的制定是确保项目成功的基石。它涵盖了从前期准备到后期评估的全过程,包括明确实施目标、制订详细计划、监控实施进度、调整方案以适应市场变化,以及项目完成后的效果评估和经验总结。通过一系列的策略部署,可以确保包装创意在实施过程中保持高效、有序,最终实现设计价值最大化。

7.1.1 实施前的准备与规划

在实施包装创意之前,充分的准备与规划是确保项目顺利进行的关键。首先,设计团队需要对创意概念进行深入的解析,明确创意的核心价值和目标受众。这包括对市场趋势的调研、竞争对手的分析,以及目标消费者偏好的了解。通过这些前期工作,设计团队能够确保包装创意既符合品牌定位,又能吸引目标消费者。

接下来,制订详细的项目计划。这包括时间线、预算分配、资源调配及团队分工等。时间线应明确各个阶段的截止日期,以确保项目按时完成;预算分配则需要考虑材料采购、制作成本、测试费用等多个方面;资源调配涉及内外部资源的整合,如设计师、工程师、供应商等;团队分工需要根据成员专长进行合理分配,以提高工作效率。图7-1所示为完整的项目制订计划。

图 7-1 项目制订计划

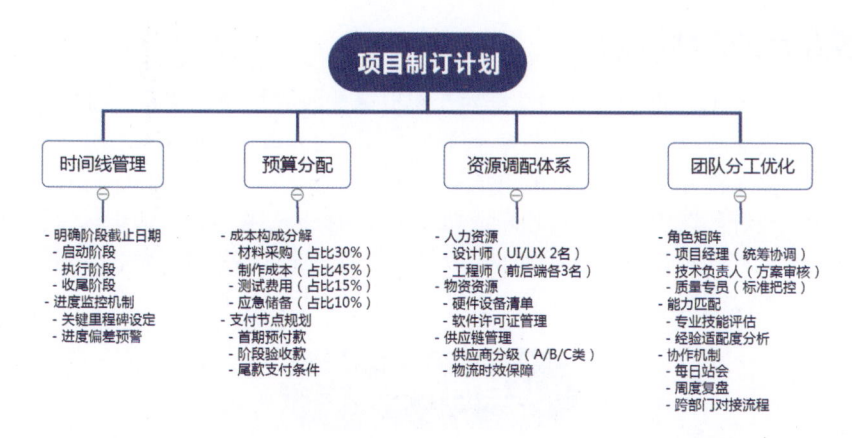

- **时间线管理**
  - 明确阶段截止日期
    - 启动阶段
    - 执行阶段
    - 收尾阶段
  - 进度监控机制
  - 关键里程碑设定
  - 进度偏差预警
- **预算分配**
  - 成本构成分解
    - 材料采购（占比30%）
    - 制作成本（占比45%）
    - 测试费用（占比15%）
    - 应急储备（占比10%）
  - 支付节点规划
    - 首期预付款
    - 阶段验收款
    - 尾款支付条件
- **资源调配体系**
  - 人力资源
    - 设计师（UI/UX 2名）
    - 工程师（前后端各3名）
  - 物资管理
    - 硬件设备清单
    - 软件许可证管理
  - 供应链管理
    - 供应商分级（A/B/C类）
    - 物流时效保障
- **团队分工优化**
  - 角色矩阵
    - 项目经理（统筹协调）
    - 技术负责人（方案审核）
    - 质量专员（标准把控）
  - 能力匹配
    - 专业技能评估
    - 经验适配度分析
  - 协作机制
    - 每日站会
    - 周度复盘
    - 跨部门对接流程

图 7-1

此外，风险评估也是准备阶段不可忽视的一环。设计团队应识别可能影响项目实施的各种风险，如供应链中断、技术难题、市场变化等，并制定相应的应对措施，以减少不确定性对项目的影响，如图 7-2 所示。

7.1.2　实施过程中的监控与调整

进入实施阶段后，持续的监控与适时的调整是保证项目质量的关键。监控包括对进度、成本、质量的全面跟踪。设计团队应定期召开项目会议，对比实际进展与计划，及时发现偏差并采取纠正措施。成本监控需要确保各项开支在预算范围内，必要时进行成本优化。质量监控则涉及对包装样品进行严格测试，确保其符合设计要求和行业标准。

在实施过程中，设计团队还需保持灵活性，根据市场反馈或技术进展适时调整方案。例如，如果发现目标消费者对包装颜色的偏好有所变化，设计团队应迅速调整设计以迎合这一趋势。同时，对于制作过程中遇到的技术难题，还应迅速组织专家会审，寻找解决方案，避免延误工期，如图 7-3 所示。

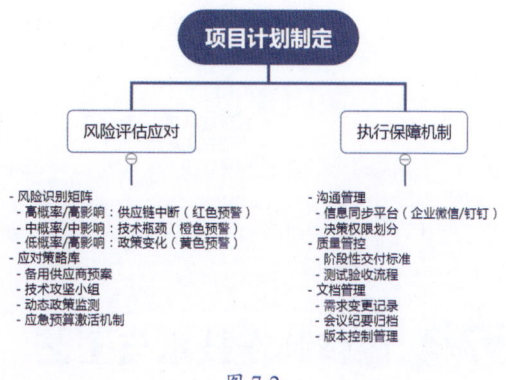

项目计划制定

- **风险评估应对**
  - 风险识别矩阵
    - 高概率/高影响：供应链中断（红色预警）
    - 中概率/中影响：技术瓶颈（橙色预警）
    - 低概率/高影响：政策变化（黄色预警）
  - 应对策略库
    - 备用供应商方案
    - 技术攻坚小组
    - 动态政策监测
    - 应急预算激活机制
- **执行保障机制**
  - 沟通管理
    - 信息同步平台（企业微信/钉钉）
    - 决策权限划分
  - 质量管控
    - 阶段性交付标准
    - 测试验收流程
  - 文档管理
    - 需求变更记录
    - 会议纪要归档
    - 版本控制管理

图 7-2

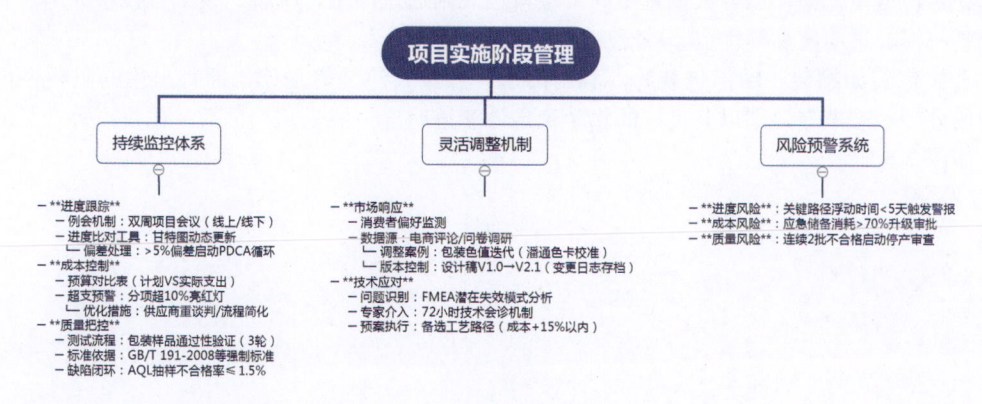

项目实施阶段管理

- **持续监控体系**
  - **进度跟踪**
    - 例会机制：双周项目会议（线上/线下）
    - 进度比对工具：甘特图动态更新
    - 偏差处理：>5%偏差启动PDCA循环
  - **成本控制**
    - 预算对比表：计划VS实际支出
    - 超支预警：分项超10%亮红灯
    - 优化措施：供应商重谈判/流程简化
  - **质量把控**
    - 测试流程：包装样品通过性验证（3轮）
    - 标准依据：GB/T 191-2008等强制标准
    - 缺陷闭环：AQL抽样不合格率≤1.5%
- **灵活调整机制**
  - **市场响应**
    - 消费者偏好监测
    - 数据源：电商评论/问卷调研
      - 调整案例：包装色值迭代（潘通色卡校准）
    - 版本控制：设计稿V1.0→V2.1（变更日志存档）
  - **技术对应**
    - 问题识别：FMEA潜在失效模式分析
    - 专家介入：72小时技术会诊机制
    - 预案执行：备选工艺路径（成本+15%以内）
- **风险预警系统**
  - **进度风险**：关键路径浮动时间<5天触发警报
  - **成本风险**：应急储备消耗>70%升级审批
  - **质量风险**：连续2批不合格启动停产审查

图 7-3

7.1.3 实施后的评估与总结

项目完成后，进行全面的评估与总结对于提升未来项目的成功率至关重要。评估包括目标达成度、消费者满意度、市场反馈等多个维度。通过问卷调查、销售数据分析等手段收集数据，设计团队可以客观评估包装创意的市场表现。

总结阶段，设计团队应深入分析项目成功或失败的原因，提炼经验教训。这包括设计决策的合理性、实施过程的顺畅度、团队协作的效率等方面。通过撰写项目报告、组织复盘会议等形式，设计团队可以系统地记录并分享这些宝贵经验，为后续项目提供借鉴，如图 7-4 所示。

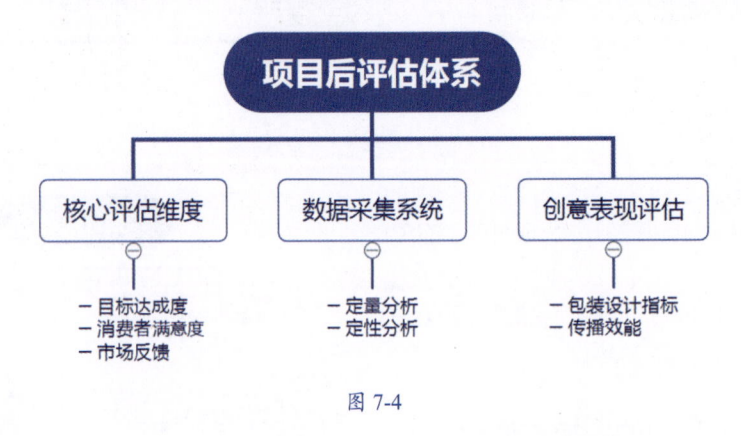

图 7-4

7.2 包装制作技术与工艺

包装制作技术与工艺在现代工业生产中具有重要的地位和作用。只有不断创新和完善这些技术与工艺，才能生产出更加符合市场需求和消费者期望的优质包装产品。

7.2.1 传统制作技术与工艺介绍

传统包装制作技术与工艺历经岁月考验，至今仍广泛应用于各类包装产品中。例如，纸质包装采用印刷、模切、折叠、黏合等工艺，能够制作出形态各异、色彩丰富的包装。这些工艺成熟稳定，成本低廉，适合大批量生产。塑料包装则通过注塑、吹塑、吸塑等技术成型，具有防潮、防损、透明度高等优点，广泛应用于食品、电子产品等领域。

金属包装如罐装、铝箔包装等，利用冲压、焊接、涂装等工艺，拥有出色的阻隔性能和美观的外观。玻璃包装则以其良好的化学稳定性和透明度，成为高档酒类、化妆品等产品的首选，如图 7-5 所示。

图 7-5

7.2.2 新兴制作技术与工艺探索

随着科技的进步,新兴包装制作技术与工艺不断涌现,为包装设计带来更多可能性。3D 打印技术能够根据需要快速制作出复杂结构的包装原型,极大地缩短了从设计到生产的周期。智能包装技术,如 RFID 标签、温度指示器等,能够实时监控包装内物品的状态,提高物流效率和消费者体验。

环保包装技术也是当前的研究热点。生物降解材料、可回收材料等环保材料的应用,以及减少印刷油墨使用、优化包装结构等环保设计,有助于降低包装对环境的影响,如图 7-6 所示。

图 7-6

7.2.3 制作技术与工艺的选择与应用

在选择包装制作技术与工艺时，设计团队需要综合考虑产品定位、成本预算、生产周期、环保要求等多个因素。例如，对于高端定位的产品，可能更倾向于采用智能包装技术以提升产品附加值；而对于大众消费品，则更注重成本控制和生产效率，采用传统工艺更为合适。

同时，设计团队还应关注技术的可持续性和环保性。随着消费者对环保意识的增强，选择环保材料和工艺已成为包装行业的必然趋势。因此，在设计和制作过程中应积极探索和应用环保技术，以响应市场需求并履行社会责任，如图 7-7 所示。

图 7-7

7.3 包装营销推广策略

　　包装营销推广策略的制定，旨在通过精准定位目标市场、选择合适的推广渠道与方式，以及设计富有创意与吸引力的营销活动，来最大化地提升包装的市场影响力。这些策略包括但不限于社交媒体营销、线上线下联动、网红合作、限时促销等，旨在通过多元化的传播手段，触及更广泛的受众群体，激发消费者的购买欲望，最终实现销售业绩的增长。

7.3.1 营销推广目标设定

在制定包装营销推广策略时，明确目标是首要任务。这些目标可能包括提高品牌知名度、增加市场份额、促进产品销售等。目标设定应具体、可衡量、可实现，并与公司整体战略保持一致，如图7-8所示。

```
                      包装营销推广策略目标设定
          ┌──────────────────────┼──────────────────────┐
       核心目标维度              SMART原则分解            战略对齐路径
          │                        │                        │
   ┌**品牌建设**              ┌Specific（具体性）       ┌**愿景承接**
   │ ├认知度提升：目标人群     │ ├量化指标：如抖音话题    │ ├分解战略目标：如"可持续发展—可回收包装占比≥70%"
   │ │  触达率≥80%            │ │  播放量突破1亿次        │ └ESG指标融合：碳足迹降低20%的包装方案
   │ └形象重塑：品牌联想关键词 │ └场景限定："针对Z世代     ├**跨部门协同**
   │    优化（如"环保+科技感"）│    电商用户"            │ ├产品部：包装可靠性与成本平衡点确认
   ├**市场渗透**              ├Measurable（可衡量）      │ └销售部：渠道陈列优化方案联合制定
   │ ├份额增长：品类市占率季度 │ ├KPI体系：CPM/ROI/NPS监控│ └**资源配置**
   │ │  环比+5%               │ │  仪表盘                  ├预算分配：创新包装研发投入占比提升至25%
   │ └渠道拓展：KA卖场铺货率   │ └数据追踪：包装二维码扫码 └人才保障：组建跨界设计团队（工业设计+用户体验专家）
   │    突破90%               │    转化追踪
   └**销售驱动**              ├Achievable（可实现）
     ├新品爆款：首月GMV突破   │ ├资源匹配：预算/人力/供
     │  500万                 │ │  应链可行性分析
     └复购提升：客户生命周期   │ └风险评估：竞品对标SWOT
        价值（LTV）增长30%    │    矩阵
                              ├Relevant（相关性）
                              │ ├战略锚定：承接公司年度
                              │ │  "绿色转型"主题
                              │ └协同机制：与产品/渠道部
                              │    门的OKR对齐
                              └Time-bound（时限性）
                                ├阶段里程碑：Q2完成包装
                                │  迭代，Q3启动推广
                                └效果验证周期：投放30日
                                   数据复盘
```

图7-8

例如，如果目标是提高品牌知名度，设计团队可以设定在特定时间内通过社交媒体营销增加一定数量的关注者或点赞数。明确的目标有助于团队聚焦关键任务，制订有针对性的推广计划。

7.3.2 营销推广渠道选择

选择合适的营销推广渠道对于实现目标至关重要。线上渠道如社交媒体、搜索引擎优化、电商平台推广等，具有覆盖范围广、成本低廉、互动性强等优点。线下渠道如实体店展示、促销活动、行业展会等，则能够直接触达消费者，提供沉浸式体验，如图7-9所示。

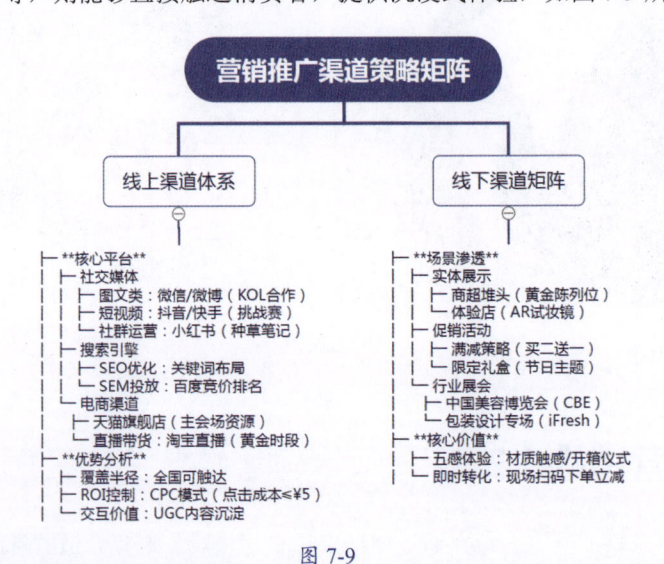

```
                    营销推广渠道策略矩阵
            ┌───────────────────┴───────────────────┐
         线上渠道体系                           线下渠道矩阵
            │                                       │
   ┌**核心平台**                            ┌**场景渗透**
   │ ├社交媒体                              │ ├实体展示
   │ │ ├图文类：微信/微博（KOL合作）        │ │ ├商超堆头（黄金陈列位）
   │ │ ├短视频：抖音/快手（挑战赛）         │ │ └体验店（AR试妆镜）
   │ │ └社群运营：小红书（种草笔记）        │ ├促销活动
   │ ├搜索引擎                              │ │ ├满减策略（买二送一）
   │ │ ├SEO优化：关键词布局                 │ │ └限定礼盒（节日主题）
   │ │ └SEM投放：百度竞价排名               │ └行业展会
   │ └电商渠道                              │   ├中国美容博览会（CBE）
   │   ├天猫旗舰店（主会场资源）            │   └包装设计专场（iFresh）
   │   └直播带货：淘宝直播（黄金时段）      └**核心价值**
   └**优势分析**                              ├五感体验：材质触感/开箱仪式
     ├覆盖半径：全国可触达                    └即时转化：现场扫码下单立减
     ├ROI控制：CPC模式（点击成本≤¥5）
     └交互价值：UGC内容沉淀
```

图7-9

设计团队应根据目标受众的偏好和行为习惯，以及预算和资源情况，综合评估并选择最适合的渠道组合。同时，随着数字营销技术的发展，跨渠道整合营销已成为趋势。设计团队应充分利用大数据和人工智能技术，实现线上线下渠道的协同作战，提高营销效率，如图7-10所示。

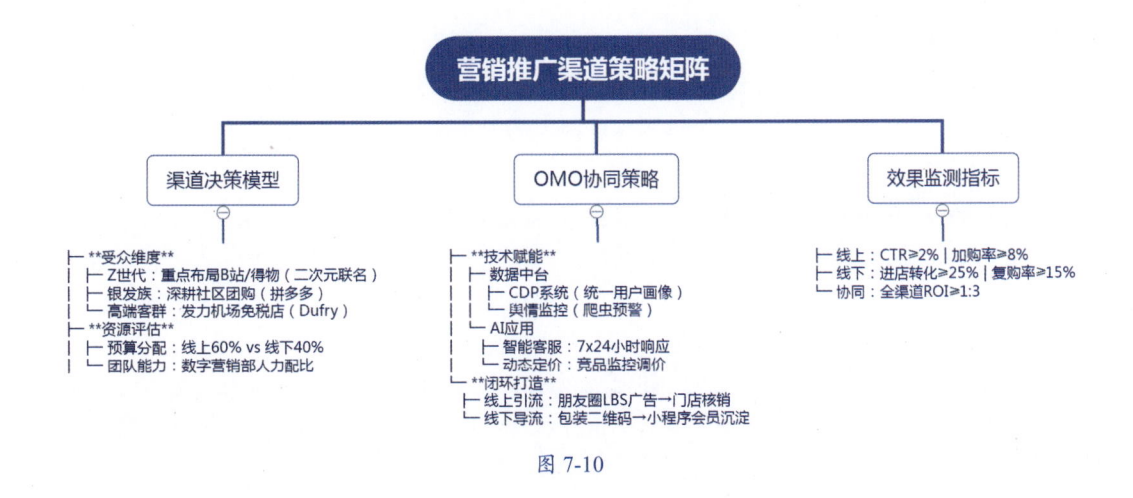

```
                        营销推广渠道策略矩阵
                                 │
         ┌───────────────────────┼───────────────────────┐
    渠道决策模型               OMO协同策略              效果监测指标
         │                       │                       │
├─**受众维度**              ├─**技术赋能**            ├─线上：CTR≥2%｜加购率≥8%
│  ├─Z世代：重点布局B站/得物（二次元联名）│  ├─数据中台             ├─线下：进店转化≥25%｜复购率≥15%
│  ├─银发族：深耕社区团购（拼多多）       │  │  ├─CDP系统（统一用户画像）└─协同：全渠道ROI≥1:3
│  └─高端客群：发力机场免税店（Dufry）    │  │  └─舆情监控（爬虫预警）
└─**资源评估**              │  └─AI应用
   ├─预算分配：线上60% vs 线下40%       │     ├─智能客服：7x24小时响应
   └─团队能力：数字营销部人力配比       │     └─动态定价：竞品监控调价
                             └─**闭环打造**
                                ├─线上引流：朋友圈LBS广告→门店核销
                                └─线下导流：包装二维码→小程序会员沉淀
```

图 7-10

7.3.3 营销推广效果评估

营销推广效果评估是检验策略有效性的关键环节。设计团队应设定明确的评估指标，如品牌曝光量、点击率、转化率、ROI 等，并通过数据分析工具实时跟踪这些指标的变化，如图 7-11 所示。

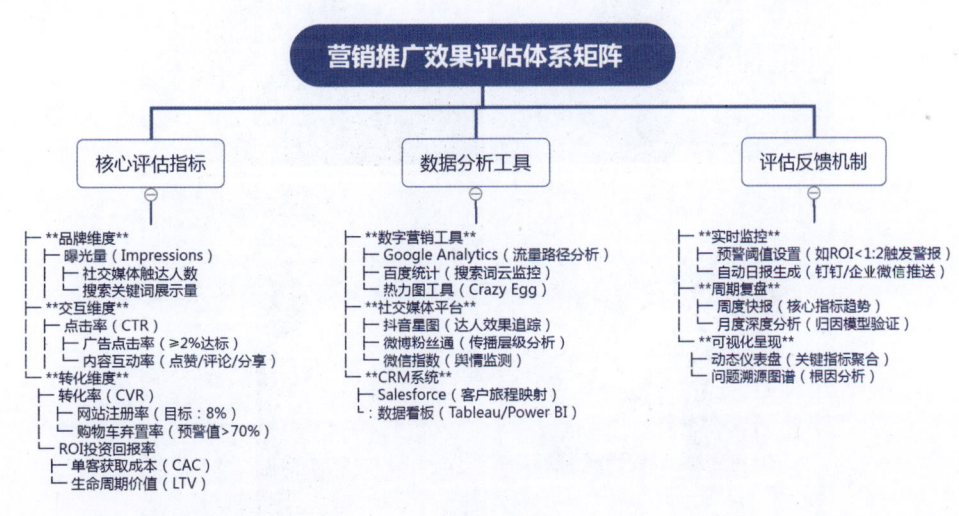

```
                    营销推广效果评估体系矩阵
                              │
       ┌──────────────────────┼──────────────────────┐
   核心评估指标            数据分析工具            评估反馈机制
       │                       │                       │
├─**品牌维度**            ├─**数字营销工具**         ├─**实时监控**
│  ├─曝光量（Impressions）│  ├─Google Analytics（流量路径分析）│  ├─预警阈值设置（如ROI<1:2触发警报）
│  ├─社交媒体触达人数    │  ├─百度统计（搜索词云监控）│  └─自动日报生成（钉钉/企业微信推送）
│  └─搜索关键词展示量    │  └─热力图工具（Crazy Egg）├─**周期复盘**
├─**交互维度**            ├─**社交媒体平台**         │  ├─周度快报（核心指标趋势）
│  ├─点击率（CTR）        │  ├─抖音星图（达人效果追踪）│  └─月度深度分析（归因模型验证）
│  ├─广告点击率（≥2%达标）│  ├─微博粉丝通（传播层级监控）└─**可视化呈现**
│  └─内容互动率（点赞/评论/分享）│  └─微信指数（舆情监测）   ├─动态仪表盘（关键指标聚合）
├─**转化维度**            └─**CRM系统**              └─问题溯源图谱（根因分析）
│  ├─转化率（CVR）           ├─Salesforce（客户旅程映射）
│  ├─网站注册率（目标：8%）  └─数据看板（Tableau/Power BI）
│  └─购物车弃置率（预警值>70%）
└─ROI投资回报率
   ├─单客获取成本（CAC）
   └─生命周期价值（LTV）
```

图 7-11

评估结果应及时反馈给设计团队，以便根据数据表现调整推广策略。例如，如果发现某个渠道的转化率低于预期，设计团队可以分析原因并采取相应措施，如优化广告创意、调整出价策略等。通过持续评估和优化，可以不断提高营销推广的效果。

7.4 包装创意案例分析

通过分析一系列包装创意案例，不仅能见证设计如何巧妙地融合功能性与美学，还能理解这些创新包装如何在货架上脱颖而出，激发消费者的购买欲望。从环保材料的应用到智能科技的融入，从文化元素的提炼到个性化定制的兴起，每个成功案例背后都蕴含着对目标受众的深刻洞察与独特品牌理念的精准传达。这样的剖析不仅为设计师提供了灵感源泉，也为品牌策略者开辟了新的营销视角，共同推动着包装行业向更加多元化、智能化、可持续化的方向发展。

7.4.1 成功案例的分析与启示

分析成功案例能够为设计团队提供宝贵的经验和启示。例如，某品牌通过独特的包装设计成功吸引了消费者的注意，并带动了产品销售。分析其成功原因，可能包括设计新颖、色彩搭配和谐、符合目标受众审美偏好等方面。

设计团队可以从中汲取灵感，学习如何在设计中融入品牌元素、如何运用色彩和形状创造视觉冲击力等技巧。同时，成功案例还展示了有效的营销推广策略，如精准定位目标受众、选择合适的推广渠道、利用社交媒体进行互动营销等。这些策略对于提升品牌知名度和促进产品销售同样具有重要意义，如图 7-12 所示。

图 7-12

7.4.2 失败案例的反思与教训

失败案例同样具有研究价值。通过分析失败原因，设计团队可以避免重蹈覆辙。例如，某品牌因包装设计过于复杂而导致生产成本过高，最终影响了产品竞争力。这一案例启示设计团队在设计过程中应注重成本控制，避免过度追求创新而忽视经济效益。

此外，营销推广策略不当也可能导致失败，如目标受众定位不准确、推广渠道选择不当、广告创意缺乏吸引力等。设计团队应从中吸取教训，不断优化推广策略，提高营销效率。

案例深度解析：Tropicana 橙汁包装设计

设计背景：这里展示的是橙汁品牌纯果乐的两款包装设计。笔者曾进行过一次简单的测试，仅从视觉效果来看，大多数人更倾向于右侧的包装，认为其更加美观诱人，如图 7-13 所示。

图 7-13

然而，在实际销售中，情况却大相径庭，左侧包装反而更受欢迎，销量更佳。经过深入研究和细致分析，我们发现，尽管两款包装都在传达橙汁的新鲜度和 100% 纯度，但左侧包装采用了更为巧妙的说服策略，它通过展示吸管插入橙子的画面，引导顾客自行得出结论——这款橙汁绝对新鲜，绝对是 100% 纯橙汁。这一过程暗含了对顾客的深度说服，让顾客从内心深处产生信服感。相比之下，右侧包装只是静态地展示了一杯橙汁，并直接给出了 100% 纯度的结论。由于缺乏说服过程和细节支撑，这样的结论显得空洞无力，难以打动顾客。

从品牌识别的角度来看，左侧包装的视觉设计独具特色，更具品牌差异性，能够给顾客留下深刻的印象。而右侧包装虽然漂亮，但缺乏独特性，容易让人产生似曾相识的感觉，这杯橙汁的价值感知度也因此大打折扣，难以成为品牌的记忆点。

最终，事实数据证明了左侧包装的优越性。右侧包装是纯果乐公司耗时 5 个月精心设计的新作，然而新包装上架后，销售额却大幅下降了 20%。面对这一尴尬局面，该公司不得不紧急换回左侧的旧包装。

7.4.3 案例分析对设计实践的指导意义

案例分析不仅有助于设计团队总结经验教训，还能为设计实践提供具体指导。通过对比分析成功与失败案例，设计团队可以提炼出设计原则和推广策略的最佳实践。这些原则和实践可以应用于未来的包装设计和营销推广项目中，提高项目的成功率。

同时，案例分析还能够激发团队的创意思维。通过借鉴成功案例的创新点，设计团队可以打破常规思维，探索新的设计方向和推广方式。这种创新思维对于在竞争激烈的市场中脱颖而出具有重要意义。

第8章
包装设计综合案例分析

　　成功的包装设计不仅仅是视觉上的吸引，更是品牌理念、市场定位与消费者心理需求的完美结合。通过对目标消费群体的深入洞察，可以有效激发消费者的购买欲望与情感共鸣，进一步巩固品牌形象与市场地位。

8.1　茶叶包装创意案例

　　茶叶包装设计比较注重文化元素，它不仅能够增强产品的调性，还能够促进文化的传播和交流。在尊重和传承文化的同时，设计师应不断创新，使包装设计成为文化与商业完美融合的艺术品，为消费者带来更加丰富和深刻的品牌体验。

8.1.1　中国传统文化在茶叶包装设计中的应用案例

　　在中国传统文化的璀璨宝库中，茶文化以其深厚的历史底蕴和独特的审美情趣，成为流传千古的文化符号。而中国传统纹样以其淡雅的色彩、流动的线条和深远的意境，被誉为东方艺术的瑰宝。当这两者相遇时，便诞生了一种新的艺术形式——将中国纹样元素融入茶叶包装设计，不仅展现了茶文化的悠久历史和雅致风情，更为品茗之余增添了一抹艺术韵味，如图8-1所示。

图 8-1

8.1.2 中国纹样元素在茶叶包装设计中的应用案例

中国纹样元素在茶叶包装设计中的运用，是对传统艺术的一种现代诠释。设计师们精心挑选了中国纹样中的山水、竹石、花鸟等元素，这些元素不仅代表了自然的美好，也寓意着茶文化的清静和超然。在包装材质的选择上，可以采用宣纸、丝绸等传统材料，以增强文化质感。图案的设计则应注重线条的流畅与墨色的深浅变化，使整个包装既有中国纹样的灵动，又不失茶文化的内敛，如图 8-2 所示。

图 8-2

8.1.3 水墨画在茶叶包装设计中的应用案例

水墨画的雅致与茶文化的清新自然相得益彰。在茶叶包装设计中，通过水墨画的意境来传达一种宁静致远的生活态度，这正是现代人所向往的生活方式。设计师可以运用留白技巧，让包装设计中的水墨画元素与空白处形成对比，营造出一种空灵、宁静的美感，使消费者在视觉上就能预感到品茶时的心灵感受，如图 8-3 所示。

图 8-3

8.2 酒包装创意案例

全球范围内，酒文化以其独特的韵味深入人心，而酒的包装设计更是成为衡量设计师创意与市场洞察力的试金石。接下来，让我们一同探索各国特色纹样与色彩的巧妙运用，如何为酒类商品披上独一无二的文化华服，彰显其内在的魅力与故事。

8.2.1 法国葡萄酒和香槟酒包装设计应用案例

法国葡萄酒以其深厚的历史和精致的品质闻名于世。在酒瓶的设计上，可以看到波尔多红、勃艮第金等标志性色彩，它们如同法国国旗的颜色，代表着激情与丰收。瓶身上细腻的纹样往往描绘了葡萄藤和复杂的花纹，这些图案不仅展现了法国艺术的精细，也传达了法国人对生活的热爱和对美的追求，如图 8-4 所示。

图 8-4

8.2.2　日本清酒和梅酒包装设计应用案例

　　日式酒类产品的包装设计，如清酒和梅酒，往往采用简洁的线条和素雅的色彩。白色与木色的结合，以及浮世绘风格的图案，体现了日本文化中的极简主义和对自然的崇敬。这些设计不仅让人联想到日本的樱花和富士山，也反映了日本文化中追求和谐与平静的精神，如图 8-5 所示。

图 8-5

8.2.3　墨西哥龙舌兰酒包装设计应用案例

　　墨西哥的龙舌兰酒以其烈性和独特的饮用方式而闻名。其包装设计通常采用鲜艳的绿色、红色和黄色，这些颜色不仅代表了墨西哥国旗，也是对墨西哥热情和节日气氛的一种体现。瓶身上的纹样包括传统的骷髅头、仙人掌或玛雅文化的图腾，这些都深刻地表达了墨西哥文化的活力与传统，如图 8-6 所示。

图 8-6

8.2.4 苏格兰威士忌酒包装设计应用案例

　　苏格兰威士忌酒包装设计往往融合了传统与现代元素。深棕色的木质瓶身，金色或银色的标签，以及复杂的家族徽章和地理标志，这些都是对苏格兰悠久历史的致敬。同时，现代设计元素的加入（如简约的线条和几何图形），展现了苏格兰文化的创新精神，如图 8-7 所示。

图 8-7

8.2.5 中国白酒包装设计应用案例

在中国，酒文化历史悠久，源远流长，而中国白酒的包装设计则成为了衡量设计师创意与技艺的重要试炼场。消费者在选择时，对包装设计的考量尤为严苛，他们欣赏那些能够精妙绝伦地将传统精髓与现代风尚巧妙融合的作品。这些设计从古朴典雅的陶瓷材质到富含深意的国画元素，无不透露出深厚的文化底蕴与高尚的精神追求，如图 8-8 所示。

图 8-8

8.3 特产包装创意案例

在现代快节奏的生活中，人们常常因为工作忙碌而忽略了对家乡的思念。然而，当一种熟悉的味道在舌尖上轻轻拂过，那份深藏心底的乡愁便会瞬间被唤醒。食品包装，作为连接产品与消费者的桥梁，其设计不仅仅承载着保护食品的功能，更是传递文化和情感的重要媒介。因此，将地方特色的食材图案和民俗图腾融入食品包装设计中，不仅能够吸引消费者的目光，更能唤起他们对家乡味道的深切怀念。

8.3.1 地方特色食品包装设计应用案例

地方特色的食材图案能够直观地展现产品的原材料来源。每个地区都有其独特的食材，这些食材往往与当地的气候、土壤和历史文化紧密相连。例如，云南的火腿、四川的辣椒、江南的桂花等，都是具有鲜明地域特色的食材。将这些食材的图案设计在包装上，不仅能够让消费者一眼识别出产品的地域属性，更能够激发他们对家乡风土人情的记忆，如图 8-9 所示。

图 8-9

8.3.2 民俗图腾包装设计应用案例

民俗图腾是地方文化的精髓所在。中国的民族文化博大精深，每个民族都有自己的传统图腾，如苗族的银饰花纹、藏族的经幡图案、彝族的火把图腾等。这些图腾不仅美观，更蕴含着深厚的文化内涵和历史故事。将这些图腾应用于特产包装，不仅能够增加产品的文化价值，更能够触动消费者的情感，让他们在品尝美食的同时，也能感受到一种文化上的归属感和自豪感，如图 8-10 所示。

图 8-10

121

8.4 零食饮料包装创意案例

零食文化深受大家喜爱，而零食的包装设计就像是衡量设计师创意和市场洞察力的"标尺"。接下来，让我们一同开启探索之旅，见证各国特色花纹和色彩的完美融合。

8.4.1 糖果零食包装设计应用案例

糖果与零食的包装设计对于提升产品的市场吸引力至关重要，它不仅是视觉上的享受，更是推动产品脱颖而出的关键因素。在当前同质化竞争激烈的市场环境中，一个富有创意且独具特色的包装设计能够赋予产品鲜明的个性，使之成为消费者目光的焦点，有效增强其在市场中的辨识度和影响力，如图 8-11 和图 8-12 所示。

图 8-11

图 8-12

8.4.2 果汁饮料包装设计应用案例

果汁饮料的包装设计对于提升市场竞争力至关重要，它如同一场精彩的视觉盛宴，同时也是让产品在激烈的市场竞争中脱颖而出的重要因素。在当前市场同质化严重、竞争异常激烈的环境下，一个充满创意且风格独特的包装设计能够为产品赋予鲜明的个性，吸引消费者的目光，极大地提高产品的市场辨识度和吸引力，使其在众多商品中显得尤为突出，如图 8-13 和图 8-14 所示。

图 8-13　　　　　　　　　　　　　　　图 8-14

8.5 美妆包装创意案例

美妆类产品的包装设计不仅是保护产品的屏障，更是品牌形象和理念的直观体现。精心策划的包装设计，能够迅速传递品牌的核心价值，吸引目标顾客群体的目光。设计师在色彩搭配、材质选择、形状设计及细节处理上的巧妙构思，能够有效激发消费者的购买意愿，并提升产品的整体档次。

8.5.1 化妆品包装设计应用案例

化妆品的包装设计注重美学与实用性的和谐统一。为了吸引爱美人士，设计师通常选用质感出众的材料，如玻璃、金属或环保塑料，并结合精美的印刷工艺和特殊效果，如烫金、UV 浮雕等，打造出奢华且典雅的外观。同时，考虑到化妆品的多样性和使用场景，包装设计还需兼顾便携性、密封性和环保性，确保产品的新鲜与安全，如图 8-15 和图 8-16 所示。

图 8-15

图 8-16

8.5.2 香水包装设计应用案例

香水包装不仅要吸引人们的视线,更要能够激发人们的嗅觉联想,预示瓶内香氛的独特韵味。高档香水的包装通常采用独特的瓶身设计,结合精致的材料(如水晶玻璃、陶瓷或金属)和创新的开盒方式,赋予每瓶香水独特的身份象征。此外,包装上的图案、色彩和文字描述也是传递香水故事与情感的重要元素,它们引导消费者通过视觉感受香水的氛围与个性,从而激发购买欲望,如图 8-17 和图 8-18 所示。

图 8-17

图 8-18

8.6 工业消费品包装创意案例

工业消费品包装通过巧妙的外观设计、材质选择及结构设计，能够激发消费者的购买兴趣，同时传递出品牌的核心价值。良好的包装设计不仅能提升产品的整体价值，还能在激烈的市场竞争中脱颖而出，确保产品在运输和储存过程中安全无虞。

8.6.1 电子产品包装设计应用案例

对于电子产品而言，包装设计尤为重要，它需要在保护性与科技感之间找到完美的平衡点。考虑到电子产品的精密构造和易损特性，包装材料需要具备出色的抗震和防静电性能，以确保产品在运输过程中不受损害。同时，在设计上融入现代科技元素，如简洁明快的线条、冷色调的色彩搭配，以及高科技材质的应用，不仅能彰显电子产品的高端定位，还能激发消费者对未来科技的无限遐想，进一步提升品牌形象，如图8-19和图8-20所示。

图 8-19

图 8-20

8.6.2　日用品包装设计应用案例

　　日用品包装设计则更加注重实用性和环保理念的结合。为了便于消费者携带和使用，日用品包装往往采用轻量化、易开启的设计，同时确保良好的密封性能，以保持产品的新鲜度。随着消费者对环保意识的日益增强，日用品包装正逐步向可降解、循环利用的方向发展。使用环保材料，减少包装废弃物，既体现了企业的社会责任感，也满足了消费者对绿色生活的追求。在设计上，日用品包装追求简约而不失温馨，通过温馨的色彩搭配和亲切的图案元素，传递出产品的亲和力和生活品质感，让消费者在日常使用中感受到品牌的关怀与温暖，如图 8-21 和图 8-22 所示。

图 8-21

图 8-22

8.6.3 文创用品包装设计应用案例

文创用品的包装设计首先是一种艺术创作。设计师需要运用色彩、图案、文字等多种元素，创造出独特的视觉效果。这种艺术性不仅体现在外观上的美感，更体现在对文化元素的深刻理解和巧妙运用。例如，采用传统的中国水墨画风，结合现代设计理念，可以设计出既有东方韵味又不失时尚感的包装，如图 8-23 和图 8-24 所示。

图 8-23

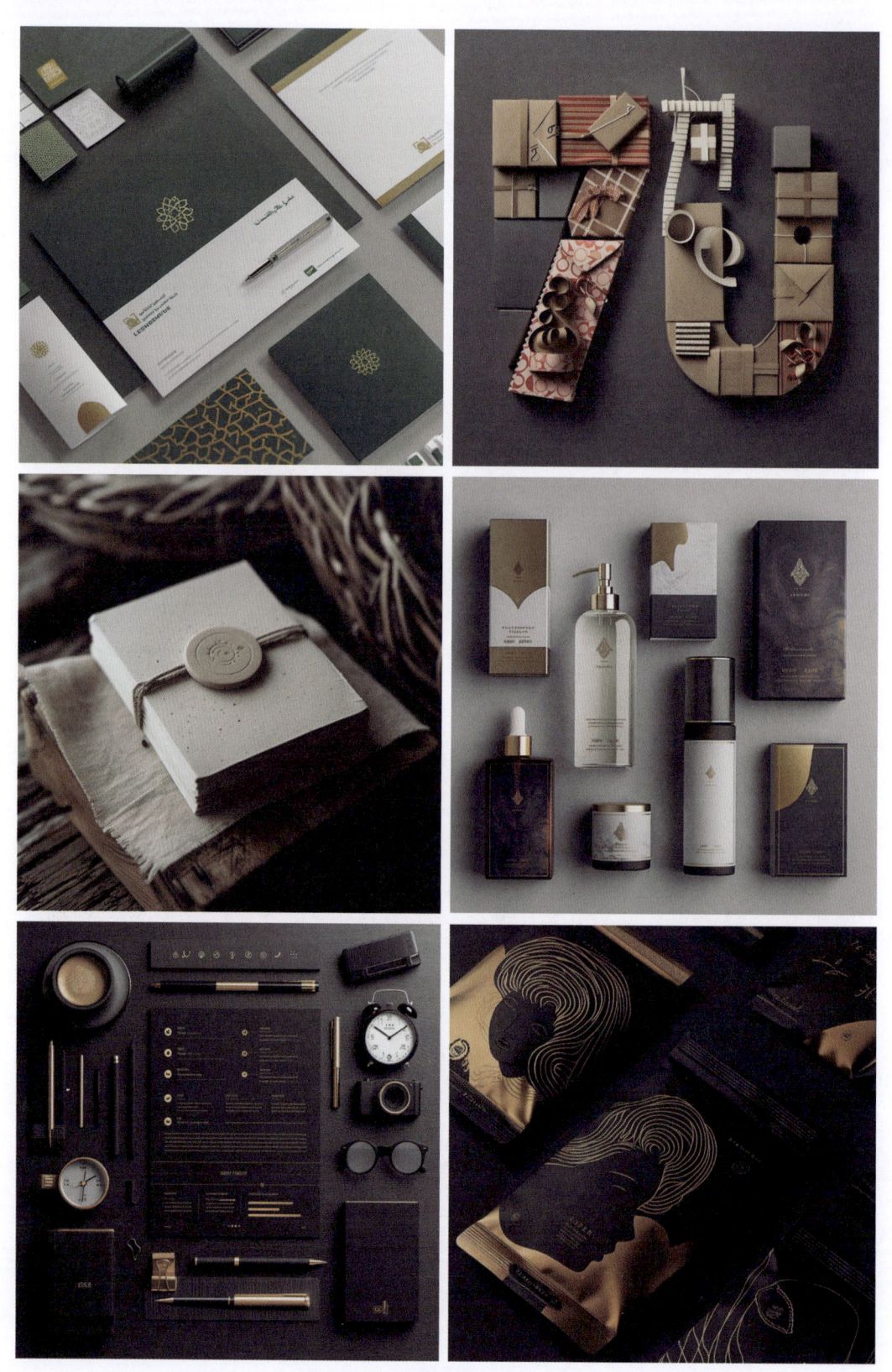

图 8-24

8.6.4 玩具包装设计应用案例

玩具包装的设计更加注重吸引儿童注意力与安全性并重。鲜艳的色彩、活泼的卡通形象，以及富有创意的外观设计，能够有效吸引儿童的眼球，激发他们的购买兴趣。同时，玩具包装需要严格遵守安全标准，确保材料无毒无害，边缘光滑无锐角，防止儿童在玩耍过程中受伤。此外，包装上还应清晰标注适用年龄、安全警告、制造商信息及必要的认证标志，为家长提供全面的产品信息，保障儿童的安全与健康，如图 8-25 和图 8-26 所示。

图 8-25

图 8-26

8.6.5　药品和保健品包装设计应用案例

　　药品和保健品包装的设计需要严格遵循安全、合规与信息传递的原则。这类包装不仅要确保产品在运输和储存过程中的稳定性与防潮、防氧化，还需要通过醒目的标识、清晰的说明文字及必要的警示语，向消费者准确传达产品的使用说明、剂量、有效期及潜在风险等重要信息。此外，考虑到目标用户群体的特殊性，药品和保健品包装往往采用易于开启且不易被儿童误操作的设计，同时，在色彩与图案上追求简洁明了，避免误导消费者，确保产品的专业性和可信度，如图 8-27 和图 8-28 所示。

图 8-27

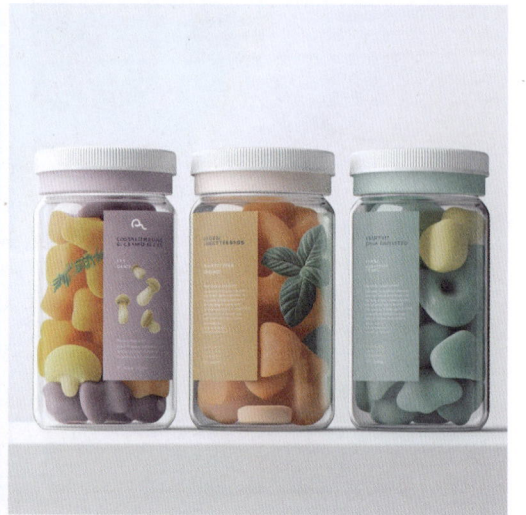

图 8-28